KB202043

오픈소스 활용

QGIS

자연과학 데이터 분석

김남신 지음

한울
아카데미

차례

들어가는 말

지리정보시스템은 공간적인 현상과 관련이 있는 분야에서 적극적으로 활용하는 것이 현재 국내외 추세입니다. 지리정보시스템의 응용 범위가 광범위하기 때문에 학문의 역사에 비해 짧은 역사에도 불구하고 급성장을 해왔습니다.

지리정보시스템은 학생 교육, 연구, 연구과제 등에서 적극 활용되고 있음에도 기초적인 기능 활용에 대한 실습이 많은 비중을 차지하고 있습니다. 분석은 개인이나 연구자의 몫이 되어, 목적을 달성하기 위해 상당한 시간을 소비하는 분들도 계십니다.

필자는 공간정보 분석에 대하여 독자들이 분석에 쉽게 접근할 수 있도록 이 책을 집필하게 되었습니다. 국내외적으로 공간 데이터의 사용자층은 과거와 달리 기후변화와 관련된 자연과학 분야를 활용하는 빈도가 높아지고 있어 자연과학 분야에 대한 공간분석을 다루게 된 것입니다.

공간분석은 공개버전의 툴과 R 통계분석 패키지를 사용하였습니다. 이 책은 기능에 대한 실습 위주는 아니며 기능의 조합으로 공간분석 결과를 도출할 수 있도록 장들을 구성하였습니다. 또한 공간분석의 학문적 논리와 내용은 이 책에서는 다루고 있지 않기 때문에 각 분석의 내용에 대하여 독자들의 이해가 필요함을 밝혀둡니다.

따라서 초급 단계의 독자분들께는 이 책이 어려울 수 있지만, 강의나 기능들을 인터넷에서 찾아보시면 도움이 되리라 생각합니다. 중급 단계 이상의 독자분들은 각 장별로 제시된 분석을 종합해 이해하시면 큰 도움이 될 것으로 판단됩니다.

원고의 구성은 자연과학 분야의 학문적 이슈 및 기후변화와 관련된 내용을 분석할 수 있도록 설계하였습니다. 아무쪼록 독자분들께서 이 책을 통해 공간분석 분야의 지평을 확대하는 계기를 얻었으면 합니다.

끝으로 출판을 결정해 주신 한울엠플러스(주) 관계자분들께 감사드립니다.

2021년 5월

김남신

## 제1장

조사구 단위 지도 제작 및 분석

분석에 사용되는 자료는 디지털 자료, 현장조사 자료로 구분된다. 디지털 자료는 개인 또는 타 기관에서 구축한 GIS 자료, 다운받은 자료, 위성영상, 드론 및 타임랩스 사진, 이동하는 동물의 GPS 추적 자료이고, 현장조사 자료는 연구나 사업의 목적에 따라 생물, 토양, 지형, 지질 등을 수집한 자료이다. 이 장에서는 10m 내외 범위에서 조사 대상 수집자료에 대한 지도화와 분석을 해보도록 한다. 이 같은 자료는 식물 조사, 토양 샘플, 미시적인 지형기복 단면 등의 사례가 될 수 있다.

1. 정방형조사구(방형구) 점자료

식물 조사에서 10m×10m 또는 20m×20m 조사구를 설정하여 지점단위 초본, 목본 등을 조사하고 기록한다. 여기서 제시하는 방법을 적용하기 위해 조사구는 다음과 같이 설치한다. ① 조사구 설치 시 원점(0, 0)을 기준으로 가상의 정동 방향(동쪽) 지정, ② 조사 대상 식물 좌표(X, Y)까지의 거리측정, ③ 동쪽을 기준으로 좌표(X, Y) 내각을 측정, ④ 식물정보 기록순으로 진행한다(거리와 방위측정은 레이저 측정기 또는 줄자와 각도기 사용).

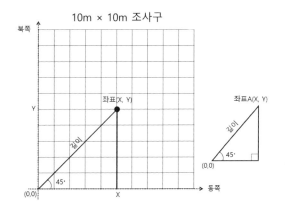

기준위치에서 길이와 내각을 알면 정삼각형 삼각함수를 이용하여 좌표를 계산할 수 있다.

예를 들어 기준점에서 식물까지의 길이가 7.2m, 동쪽 기준 내각이 45°라고 가정하면 다음과 같이 계산한다.

길이	각도	① radians(45)	② = cos(①)	③ = sin(①)	좌표X = 길이×②	좌표X = 길이×③
7.2	45	0.785398	0.707107	0.707107	5.091169	5.091169

먼저 각도를 ① 엑셀에서 radians(각도)로 전환, ② cos(라디안으로 전환된 값)은 X, ③ sin(라디안으로 전환된 값)은 Y, ④ 마지막으로 X, Y 좌푯값 계산은 X = 길이 × Cos 전환값, Y = 길이 × Sin 전환값으로 결정된다.

연습용으로 제공하는 엑셀의 계산은 다음과 같다(정방형조사구.xlsx, 정방형디비테이블.xlsx).

길이	각도	라디안 radians(각도)	cos cos(라디안)	sin sin(라디안)	좌표 X 길이 * cos	좌표 Y 길이 * sin
7.2	45.0000	0.785398	0.707107	0.707107	5.091169	5.091169
6	11	0.191986	0.981627	0.190809	5.889763	1.144854
9	13.2	0.230383	0.973579	0.228351	8.762210	2.055158
10	5.2	0.090757	0.995884	0.090633	9.958844	0.906326
11	70	1.221730	0.342020	0.939693	3.762222	10.336619
8	66	1.151917	0.406737	0.913545	3.253893	7.308364
4	50	0.872665	0.642788	0.766044	2.571150	3.064178
3	30	0.523599	0.866025	0.500000	2.598076	1.500000
7	22	0.383972	0.927184	0.374607	6.490287	2.622246

id	x	y	name	DHB	height
1	5.091169	5.091169	소나무	12	33
2	5.889763	1.144854	신갈나무	8	10
3	8.762210	2.055158	분비나무	6	50
4	9.958844	0.906326	신갈나무	30	30
5	6.309341	9.010672	분비나무	40	16
6	3.253893	7.308364	구상나무	22	22
7	2.571150	3.064178	구상나무	10	22
8	2.598076	1.500000	분비나무	6	40
9	6.490287	2.622246	소나무	7	50

Layer 만들기: QGIS에서 엑셀자료는 Spreadsheet Layers 플러그인을 인스톨한 후 경위도 필드를 지정하여 불러오면 된다. 불러올 때 그림의 Geometry, 경위도 x, y 를 체크해야 한다.

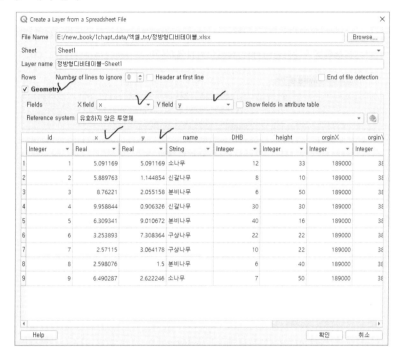

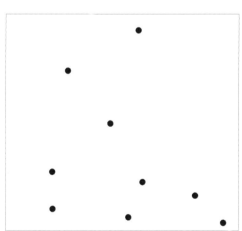

〈정방형 점자료: 정방형디비테이블.xlsx〉

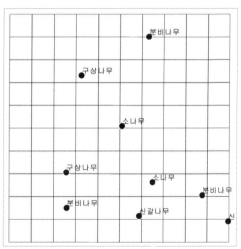

〈정방형 점자료 + quadrat_mesh 중첩〉

2. 비정방형조사구(방형구) 점자료

조사 시 항상 남북 방향에 따른 정방형조사 외에 대상의 분포와 지형에 따라 조사구의 방향을 틀어 조사하는 경우가 있다.

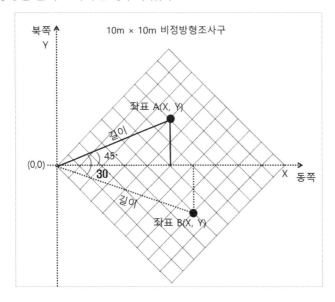

비정방형의 기준은 ① 조사구 설치 시 원점(0, 0)을 기준으로 가상의 정동방향(동쪽) 지정, ② 조사 대상 식물 좌표(X, Y)까지의 거리 측정, ③ 동쪽을 기준으로 좌표 (X, Y) 내각을 측정하는 것이다.

여기서 주의할 점은 X축 동쪽을 기준으로 북쪽에 분포하는 목표 지점까지 각도는 0~90° 범위 내이고, 남쪽에 분포하는 대상은 X축 동쪽을 기준으로 각도를 측정하되 360° – 측정값을 빼어 계산해야 한다는 것이다. 예를 들어 좌표 B의 각도가 30도라면 계산 시 적용 각도는 330도이다(비정방형조사구.xlsx, 비정방형디비테이블.xlsx, slant_mesh.shp).

id	x	y	name	DHB	height
1	5.350643	4.81774	소나무	12	33
2	5.889763	1.144854	신갈나무	8	10
3	8.76221	2.055158	분비나무	6	50
4	9.958844	0.906326	신갈나무	30	30
5	10.98493	0.575696	분비나무	40	16
6	7.417471	2.996853	구상나무	22	22
7	4	0	구상나무	10	22
8	2.598076	1.5	분비나무	6	40
9	6.490287	2.622246	소나무	7	50
10	4.924039	-0.86824	신갈나무	50	15
11	11.77953	-2.28971	분비나무	65	20
12	8.76221	-2.05516	신갈나무	33	21
13	3.983538	-0.36253	분비나무	13	14
14	12.98218	-0.68037	소나무	25	8
15	7.417471	-2.99685	분비나무	78	30
16	7	0	구상나무	50	25
17	3.464102	-2	신갈나무	11	22
18	6.490287	-2.62225	소나무	6	16

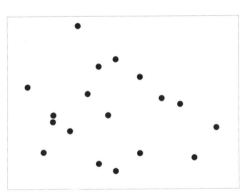

〈비정방형 점자료: 비정방형디비테이블.xlsx〉

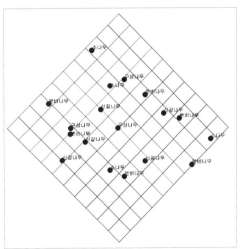

〈비정방형 점자료 + slant_mesh 중첩〉

만약, 지리공간 상에 우리나라 좌표에 일치시키려고 하면 원점좌표(0, 0)를 지리
실제 위치 좌표(189000, 389000)로 지도화할 수 있다. 실제 좌표 + X, Y를 하여 표

의 TMx, TMy로 하면 된다(정방형디비테이블.xlsx).

id	x	y	name	DHB	height	orginX	orginY	TMx	TMy
1	5.091169	5.091169	소나무	12	33	189000	389000	189005.091169	389005.091169
2	5.889763	1.144854	신갈나무	8	10	189000	389000	189005.889763	389001.144854
3	8.762210	2.055158	분비나무	6	50	189000	389000	189008.762210	389002.055158
4	9.958844	0.906326	신갈나무	30	30	189000	389000	189009.958844	389000.906326
5	6.309341	9.010672	분비나무	40	16	189000	389000	189006.309341	389009.010672
6	0.000000	8.000000	구상나무	22	22	189000	389000	189000.000000	389008.000000
7	4.000000	0.000000	구상나무	10	22	189000	389000	189004.000000	389000.000000
8	2.598076	1.500000	분비나무	6	40	189000	389000	189002.598076	389001.500000
9	6.490287	2.622246	소나무	7	50	189000	389000	189006.490287	389002.622246

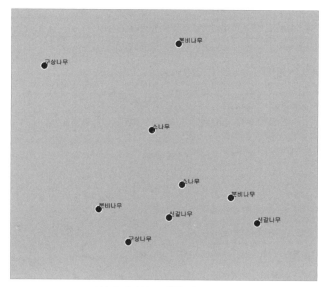

〈실제 위치 TM 좌표 전환 결과〉

3. 미기복 지형 단면도 제작

하천, 계곡, 사구 등에서의 지형, 식물분포를 단면도로 표현하거나 조사구에 미지형을 분석하고자 할 때 수십 cm ~ 1m 이내의 지표표고 측정이 필요하다. 미시적인 공간 단위 표고는 현실적으로 GPS 측정이 어렵다. 이런 경우 측정은 길이를 알 수 있는 막대기와 각도기만 있으면 가능하다.

현장 준비물:

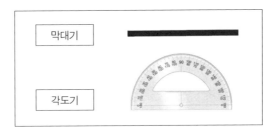

측정 준비: 막대기는 직선이고 길이를 알 수 있어야 한다. (1) 0.5m 막대기를 준비하고 다리 역할을 하는 막대기를 그림과 같이 ㄷ 자 모양의 90도로 연결한다. (2) 막대기의 중심에 각도기를 접착, (3) 각도기의 가운데에 줄을 연결해 추(작은 돌, 나사 등)를 매단다. (4) 경사면에 그림과 같이 막대기를 대면 기울어진 경사 값(경사 방향 아래쪽의 값)을 읽을 수 있다. (5) 순서대로 낮은 지점에서 높은 지점으로 측정하며 막대기 길이(0.5), 경사각을 기록한다(단면도.xlsx).

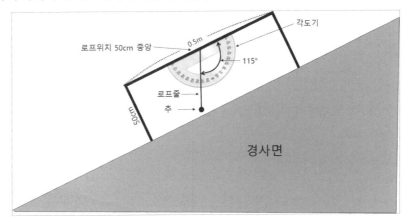

id	길이	측정각
1	0.5	80
2	0.5	105
3	0.5	120
4	0.5	140
5	0.5	150
6	0.5	120

다음은 사면에 맞닿는 부분은 그림과 같이 직각삼각형이다. 측정각이 115°이면

직각삼각형의 반대각은 65°이고 나머지 각은 35°가 된다. 35°를 이용하여 X 길이, Y 높이를 계산한다.

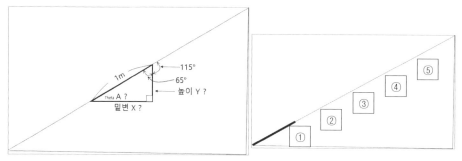

〈가상 직각삼각형〉

높이 Y 계산 방법은 표와 같이 ① → ② → ③ → ④ 순서로 진행한다.

id	길이	측정각	① 외각	② Theta A	③ Radian (Theta A)	④ 높이Y	⑤ 누적Y	⑥ 누적X
			180-측정각	180-(외각+90)		길이 * sin(radian)		
1	0.5	80	100	30	0.523598776	0.25	0.25	0.5
2	0.5	105	75	15	0.261799388	0.12941	0.37941	1.0
3	0.5	120	60	30	0.523598776	0.25	0.62941	1.5
4	0.5	140	40	50	0.872664626	0.383022	1.012432	2.0

⑤ 누적 Y는 단면의 높이에 해당되고, ⑥ 누적 X는 단면의 사면길이를 의미한다 (단면도.xlsx 참고).

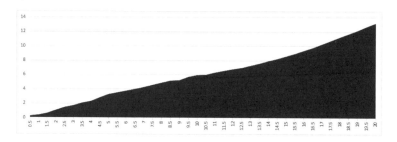

4. 미기복 표고 측정과 SDEM(surface DEM) 제작

지형 단면 외에 조사구의 표고 측정으로 미시 3차원 DEM을 제작할 수 있다(표고자료.xlsx).

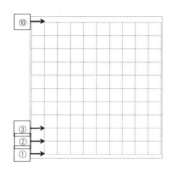

단면 경사각 측정을 같은 방법으로 진행하되 그림의 순서대로 ① → 조사구 오른쪽 끝, ② → 조사구 오른쪽 끝 순서로 하여 조사구의 끝까지 측정한다. 다음으로 높이 값을 앞의 설명과 같이 엑셀에서 계산하고, 원래 ID 1, 2, 3, 4~~ 은 위경도(y, z)로 재구성하고, 누적 y값(Z)을 표와 같이 재배열한다. 결과를 불러오면 10 × 10 격자점을 갖는 점자료가 만들어진다.

y	x	z
1	1	0.25
1	2	0.37941
1	3	0.62941
~~	~~	~~
1	10	0.79215
2	1	1.012432
2	2	1.445444
2	3	1.432444
~~	~~	~~
2	10	1.545444
3	1	1.695444
3	2	2.048998
3	3	2.298998
~~	~~	~~
3	10	2.781961

〈측정 표고가 재배열 예〉

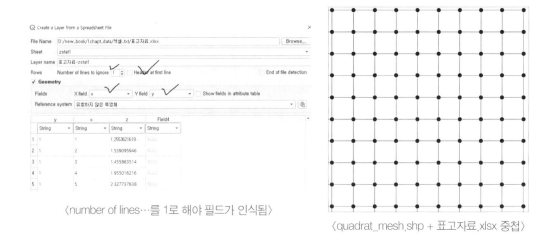

〈number of lines…를 1로 해야 필드가 인식됨〉

〈quadrat_mesh.shp + 표고자료.xlsx 중첩〉

불러온 표고자료.xlsx는 z 표고를 갖기 때문에 보간처리를 하면 SDEM(surface DEM) 제작으로 조사지점 자료와 결합하여 경사, 고도, 사면향, 지형기복, 토양 등 분석이 가능해진다.

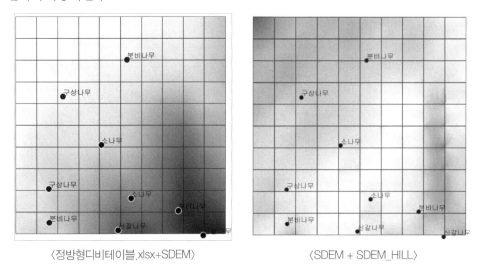

〈정방형디비테이블.xlsx+SDEM〉

〈SDEM + SDEM_HILL〉

SDEM은 수치지도로 제작한 DEM과 합하면 정밀한 지리적 위치에서 실제 높이 값을 갖기 때문에 조사자료와 결합하여 정밀한 분석을 할 수 있다.

## 제2장

공간정보의 조인, 통계 및 환경변수 추출

공간자료는 1개의 레이어로 분석하기도 하지만, 특정 필드 값을 공통 기준으로 다른 정보들을 연결하거나 폴리곤과 점들을 결합하여 분석한다. 벡터와 래스터 레이어는 필드 속성 또는 래스터 값을 분석할 수 있지만, 다른 래스터의 공간적인 위치와 일치하는 값을 추출하여 분석한다. 폴리곤(행정구역, IUCN 격자(2km² × 2km²), 단위 격자, 토지이용, 식생도, 지질도 등)에 포함된 점자료의 통계분석 및 존재 유무(1, 0)를 테이블로 재구성하여 지표종 분석 및 기후대별 점자료의 분포 분석에 사용할 수 있다.

1. 벡터 테이블 조인

테이블 조인은 결합 대상 필드명이 같거나 필드명에 관계없이 필드명 내 모든 값들이 각기 다른 고유한 ID나 이름을 공통으로 갖는 경우 연결할 수 있다. 조인은 레이어 간 또는 엑셀, text 파일의 필드 정보를 기준으로 결합이 가능하다. 복수의 ID나 이름이 있을 경우 조인할 수 없고 링크로 연결이 가능하다.

다음 표에서 볼 수 있듯이 두 개의 레이어 A, B에서 공통 고윳값을 갖는 필드는 id와 code로 B의 code를 A의 id로 연결할 수 있다(layer_a.shp, layer_b.shp).

id	name
1	갯부추
2	고삼
3	갈참나무
4	관중
5	개버무리

〈layer_a.shp〉

code	name1
1	개머위
2	쇠별꽃
3	구상나무
4	속새
5	초롱꽃

〈layer_b.shp〉

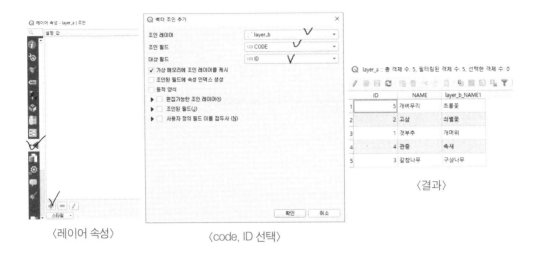

〈레이어 속성〉　　　　　〈code, ID 선택〉　　　　　〈결과〉

한 개의 layer a와 엑셀 필드의 공통점이 있으면 불러와 결합할 수 있다(엑셀결합
자료.xlsx).

공통 고윳값을 갖는 필드는 레이어A의 ID와 엑셀의 ID이기 때문에 A의 ID로 연
결할 수 있다. QGIS에서 엑셀 자료는 Spreadsheet Layers 플러그인을 인스톨한 후 불
러오면 된다.

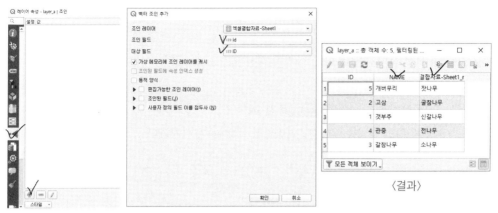

<레이어 속성>　　　　　<layer_a.shp와 엑셀결합자료 id, ID 선택>　　　　　<결과>

2. 폴리곤 내 점자료 개수 계산

　　QGIS의 벡터 메뉴 → 분석 도구 → 폴리곤 내부에 있는 포인트 개수 구하기를 실행하여 총수를 계산할 수 있다(메뉴 기능에 대한 이름은 QGIS 버전에 따라 차이가 있을 수 있음). 강원도 시군별 식물의 총개수를 구한다고 가정하면 점(flora.shp)과 면(adm_sigun.shp)을 불러온다.

　　QGIS의 벡터 메뉴 → 분석 도구 → 폴리곤 내부에 있는 포인트 개수 구하기를 실행하면 시군별 식물의 총개수가 계산된다. 실행한 결과가 화면에 보이지 않으면 좌표계를 EPSG:5186(GRS80 중부원점)으로 설정하면 보이게 된다.

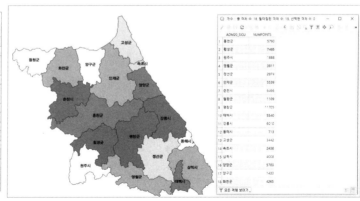

3. 점자료 공간조인

폴리곤 내 개별 점의 조인은 다른 방법을 적용한다. 우선 벡터 → 데이터 관리 도구 → 위치를 이용하여 속성을 조인을 실행한다.

여기서 입력 레이어는 점자료(flora), 조인 레이어는 면자료(adm_sigun), 기하 조건, 조인 유형, 조인할 수 없는 레코드 버리기를 체크한 후 실행한다.

실행한 결과가 화면에 보이지 않으면 좌표계 설정, 여기서는 EPSG:5186(GRS80 중부원점)으로 설정하면 보이게 된다.

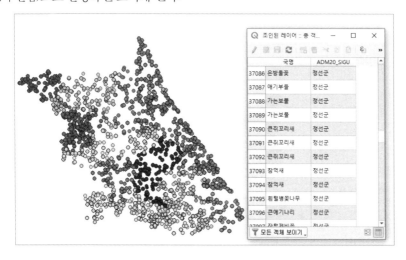

4. 공간조인 결과의 통계 요약

점과 폴리곤은 공간적 포함 관계에서 따라 점들의 개수를 계산하여 다양한 통계 분석이 가능하다.

각 개별점들이 폴리곤(시·군·읍·면·동 행정구역, 토지이용, 식생 등)에 속하는 총개수를 구할 때, 예를 들어 점 레이어 식물이 시군별로 차지하는 총개수를 구하고자 할 때 적용할 수 있다.

즉, 단위별 총개체수를 분석할 때 사용하고, 각 개별 점자료들이 속하는 폴리곤 (시·군·읍·면·동 행정구역, 토지이용, 식생 등) 속성을 알고자 할 때, 예를 들어 점 레이어 개별 식물들이 시군 속성 어디에 속하는지 알고자 할 때 적용할 수 있다. 이는 개체별 개수를 분석할 때 적용한다.

① 폴리곤별 총종수와 개체수 계산

개별 점에 조인된 면의 속성은 통계적인 요약이 필요할 경우가 많다. 이러한 계산은 QGIS 기본 기능에는 없기 때문에 확장프로그램을 추가하여 계산한다.

플러그인에서 Group Stats를 검색하여 인스톨하고 체크한다. 인스톨이 완료되면 벡터 메뉴에 Group Stats 기능이 추가된다. Group Stats를 이용하여 통계 요약을 해보겠다.

개별 조인된 점자료에 대해 시군별 식물 개체수와 종수를 계산하자. Group Stats를 실행하여 다음 그림과 같이 지정하고 실행하면 시군별 종수와 총개체수가 계산된다.

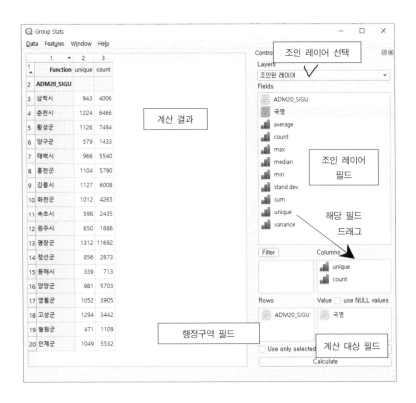

계산된 결과는 표나 폴리곤의 속성에 넣고자 Data → Save all to CSV file로 저장하고 편집하여 사용한다.

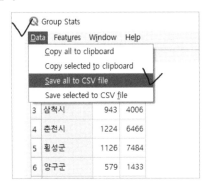

저장된 결과는 세미콜론으로 저장되며 필드 정리가 필요하다(이 부분은 QGIS 버전에 따라 차이가 있음). 파일 포맷은 세미콜론, 레코드와 필드 옵션에서 무시할 머리글 행의 수를 0 → 1로 바꾸면 행정구역 필드(ADM20_SIGU), field_2, field_3과 같이 된다. 마지막으로 도형 없음을 체크하고 불러온다.

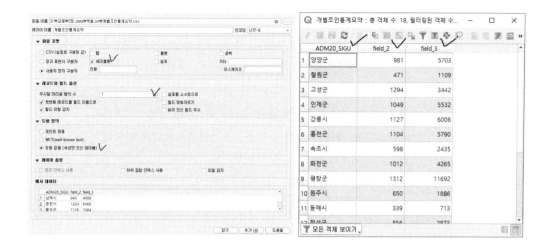

필드명은 폴리곤(행정구역) 필드 속성을 이름으로 지정하여 조인하고 → 재저장
후 → 레이어 속성에서 필드명을 바꾸면 된다.

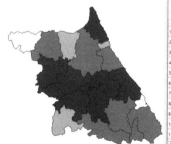

② 폴리곤별 종별 개체수 계산

앞에서는 시군별 종수와 개체수를 계산했다. 폴리곤(시군)에 속하는 점자료(식물)의 종별 개체수를 계산하고자 한다. Group Stats를 실행하여 그림에 제시하는 바와 같이 지정하고 실행하면 rows에 행정구역(ADM20_SIGU)의 종명필드(국명), value에 종명필드(국명)를 넣고 실행하면 된다. 여기서 종수를 알고 싶으면 count 외 unique를 넣어 계산하고 엑셀로 불러와 개별 폴리곤 단위 요약과 정리에 활용하면 된다.

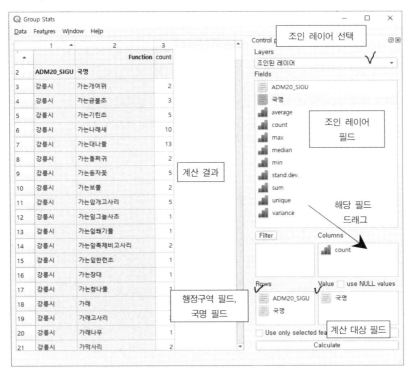

계산 결과(개별조인통계요약1.csv)를 엑셀에서 불러왔을 때 필드가 구분되지 않는 경우, QGIS에서 불러온 다음 내보내기 기능에서 다시 저장하면 된다. 저장 시 그림과 같이 체크와 인코딩하여 저장한다.

엑셀로 불러온 결과는 필요에 따라 재정리하거나 분석하면 된다.

5. 인자분석

① 환경변수 추출

벡터 자료(점, 선, 면)는 공간적 위치와 일치하는 지점의 환경요인(고도, 경사, 기온, 강수, 토양, 지질, 수계로부터 거리, 도로로부터의 거리 등)의 래스터 값을 테이블에 결합하여 분석이나 모델링에 활용할 수 있다. 따라서 환경변수로 사용될 자료가 벡터로 제작된 경우는 대상 항목의 필드 값을 래스터로 전환하여 사용한다. 한 가지 주의 사항은 데이터가 명명척도, 즉 이름으로 분류된 토지이용, 지질도 등은 래스터 전환 시 1, 2, 3 등 임의 값을 갖도록 전환하지만, 통계분석 시 수치계산(평균, 분산 등)에 적용할 수 없어 주의가 필요하고 명명척도 기준에 맞는 변수 투입이 필요하다는 것이다.

② 점자료 환경변수 추출

점자료는 Point Sampling Tool을 이용하여 환경변인 값을 추출할 수 있다. 플러그인 검색에서 Point Sampling Tool을 다운받아 설치하면 된다. Point Sampling Tool 실행 전에 먼저 벡터 점자료(생강나무), 래스터 고도, 경사, 사면향, 온량지수, 냉량지수, 대륙도, 온도, 강수량 등은 불러와 지도가 보이게 체크해야 한다. 플러그인 메뉴 → analysis에서 Point Sampling Tool을 실행하면 다음 그림이 된다. Output point vector layer는 저장 형식이디폴트로 Geopackages(*.gpkg)로 되어 있는데, shp로 형식을 변경하고 저장한다.

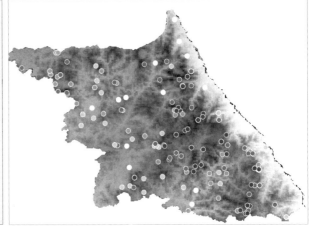

〈생강나무의 고도, 경사, 사면향 계산 결과〉

③ 폴리곤 환경변수 추출

폴리곤은 행정구역, 토지이용, IUCN 평가 격자 단위($2km^2×2km^2$), 임의 연구 단위 격자 등 사용목적에 따라 여러 형태의 자료가 될 수 있다. 여기에서는 행정구역 단위 환경변수를 추출하고자 한다.

폴리곤 환경변수 추출은 SAGA → vector ↔ raster → raster statistics for polygons를 실행하여 계산할 수 있다. 한글이 호환이 안 되는 경우가 발생하기 때문에 폴리곤에 자동 ID를 부여한 후, 계산하여 그 결과를 ID 기준으로 조인하면 된다.

우선 폴리곤(행정구역)에 ID를 넣는 작업은 테이블을 열고 → 수정모드 클릭하고 → 새 필드 추가하고 → 확인 클릭하여 새로운 필드를 만든다. 새로 만들어진 ID의 값은 null로 표시되어 여기에 고윳값을 갖는 자동 ID 값을 입력한다.

다음으로 필드 계산기 클릭 → 기존 필드 갱신 ID 선택 → 검색창에 row_number 검색하여 클릭하고 확인을 누르면 자동으로 부여된다.

고유 ID를 부여했으면 폴리곤 환경변수를 계산할 수 있다. SAGA → vector ↔ raster → raster statistics for polygons를 실행하여 환경변수를 추출한다. raster statistics for polygons를 클릭하여 그림과 같이 변수 선택(래스터 dem, slope, aspect) 및 통계치를 결정하고 확인을 눌러 계산한다.

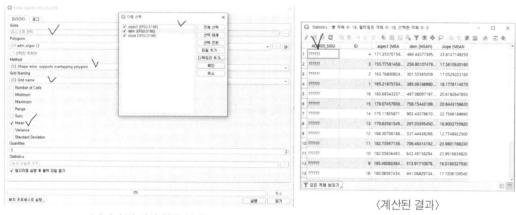

〈레이어 및 계산 항목 선택〉　　　　　〈계산된 결과〉

계산 결과를 보면 한글을 확인할 수 없다. 따라서 폴리곤(행정구역)에 ID를 기준으로 조인한다. 레이어 속성에서 조인 아이콘을 클릭하여 그림과 같이 기준을 정하고 연결하면 된다.

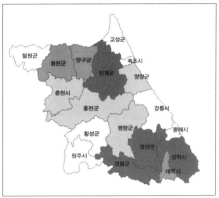

조인 결과는 임시 링크이기 때문에 재저장해야 한다.

④ 인자분석(r 이용)

인자분석은 요인변수들이 영향을 미치는 정도를 분석하는 방법이다. 앞서 생강나무의 환경변인 레이어를 생강나무환경변인.csv로 저장하고 엑셀로 불러온다. 불러온 결과에는 빈칸이 보이는데 이는 생강나무와 변인들의 공간적 위치가 일치하지 않아 계산이 안 된 결과이기 때문에 분석 전에 라인을 제거해야 한다.

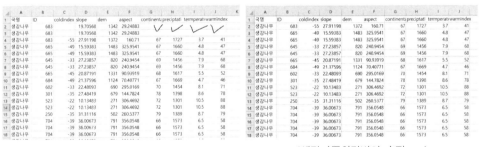

〈생강나무환경변인.csv〉   〈생강나무환경변인_수정.csv〉

엑셀에서 일일이 제거할 수 없기 때문에 QGIS에서 값이 없는 레코드를 선택한 후 일괄적으로 지우고 csv로 저장하는 것이 합리적이다. 방법은 불러온 테이블을 열고 → select by expression으로 질의하여 선택하고

("aspect" IS NULL) or ("continenta" IS NULL) or ("continenta" IS NULL) or ("warmindex" IS NULL) → 선택 반전한 후 → 재저장하면 된다.

엑셀에서 다시 불러와 재저장 시에 저장 시 종명과 ID 등은 제외하고 환경변수
만 csv로 저장하여 사용한다.

	A	B	C	D	E	F	G	H
1	coldindex	slope	dem	aspect	continenta	preciptati	termperatu	warmindex
2	-55	27.91198	1372	160.71	67	1727	3.7	41
3	-49	15.59383	1483	325.9541	67	1660	4.8	47
4	-49	15.59383	1483	325.9541	67	1660	4.8	47
5	-33	27.23857	820	240.9454	69	1456	7.9	68
6	-33	27.23857	820	240.9454	69	1456	7.9	68
7	-45	20.87191	1331	90.93919	68	1617	5.5	52
8	-49	21.37596	1124	70.40771	67	1669	4.7	46
9	-33	22.48093	690	295.0169	70	1454	8.1	71
10	-35	27.48419	679	144.7824	78	1398	8.6	78
11	-22	10.13483	271	306.4692	72	1301	10.5	88
12	-22	10.13483	271	306.4692	72	1301	10.5	88
13	-35	31.31116	502	260.5377	79	1389	8.7	79
14	-39	36.00673	791	356.0548	66	1573	6.5	58
15	-39	36.00673	791	356.0548	66	1573	6.5	58
16	-39	36.00673	791	356.0548	66	1573	6.5	58

```
setwd('g:/r')
my.data <- read.csv("환경변수.csv")
head(my.data)
n.factors <- 2

head(my.data)
summary(my.data) ##기초통계
cor1 <- cor(my.data) ##상관관계
round(cor1,2)

library(psych) ##install.packages("psych") 없는 경우 인스톨
library(GPArotation) ##install.packages("GPArotation") 없는 경우 인스톨
my.factor <- principal(my.data, rotate="none")
names(my.factor)
my.factor$values ##고유근이 1이상 채택
plot(my.factor$values, type="b") ##고유근이  ploting

my.Varimax = principal(my.data, nfactors = 2, rotate="varimax") ## 인자 직교회전 및 인자별 설명력
my.Varimax

my.Varimax = principal(my.data, nfactors = 2, rotate="varimax") ## 인자그룹 주성분 행렬도(biplot)
biplot(my.Varimax)
```

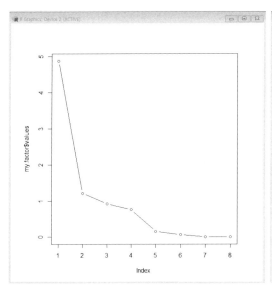

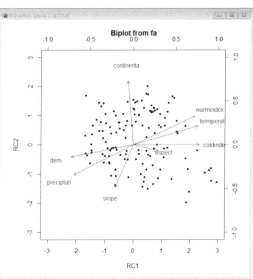

```
Principal Components Analysis
Call: principal(r = my.data, nfactors = 2, rotate = "varimax")
Standardized loadings (pattern matrix) based upon correlation matrix
             RC1  RC2   h2   u2    com
coldindex    0.97 0.00 0.95 0.053  1.0
slope       -0.27 -0.61 0.45 0.555  1.4
dem         -0.90 -0.17 0.85 0.155  1.1
aspect       0.36 -0.09 0.14 0.863  1.1
continenta  -0.08 0.91 0.84 0.161  1.0
preciptati  -0.86 -0.43 0.92 0.076  1.5
termperatu   0.95 0.27 0.97 0.025  1.2
warmindex    0.90 0.41 0.98 0.021  1.4


                     RC1  RC2
SS loadings          4.43 1.66
Proportion Var       0.55 0.21 (두 성분이 요인의 76%를 설명함)
Cumulative Var       0.55 0.76
Proportion Explained 0.73 0.27
Cumulative Proportion 0.73 1.00
```

6. 지표종 분석

① 종 존재 유무(1, 0) 계산

폴리곤(행정구역, IUCN 격자, 임의 격자 등) 내에 포함되는 점자료(식물)의 존재 유무(1, 0)는 기후변화, 식생대, 지표종 분석을 위해 행렬에 대한 재배열이 필요하다.

폴리곤 격자나 행정구역 단위에 속하는 생물의 존재 유무 분석을 위해 폴리곤에 대한 고유 ID 부여를 하면 식별에 효과적이다.

우선 폴리곤(격자, mesh5km)에 ID를 넣는 작업은 ID 테이블을 열고 → 수정모드 클릭하고 → 새 필드 ID 추가하기 → 확인 클릭하여 새로운 필드를 만든다. 새로 만들어진 ID의 값은 null로 표시되어 여기에 고윳값을 갖는 자동 ID 값을 입력한다.

다음으로 필드 계산기 클릭 → 기존 필드 갱신 ID 선택 → 검색창에 row_number 검색하여 클릭하고 확인을 누르면 자동으로 부여된다. 마찬가지로 방법으로 flora100_spc(100종의 식물종 정보 레이어)에 unique_id를 만들고 자동수치를 입력한다. 생물종의 수만큼 이름을 필드로 사용할 수 없어 필요한 대상을 선택해 제한적으로 분석하는 것이 합리적이다. 필자가 테스트한 바로는 300개의 필드까지는 에러가 발생하지 않는 것 같았으며, 여기서는 100종을 선택했다.

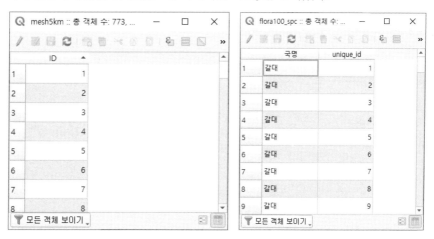

다음으로 벡터 → 데이터 관리 도구 → 위치를 이용하여 속성 조인을 실행하여 flora100_spc의 종별 정보에 mesh5km 격자 ID를 연결한다. 그림과 같이 체크를 하고 실행한다.

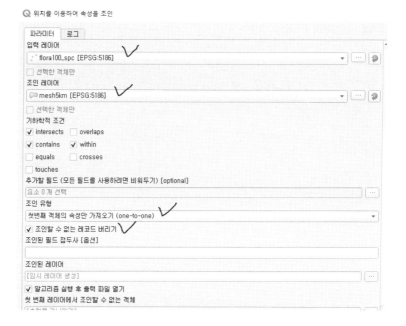

결과를 보면 flora100_spc에 mesh5km의 격자 ID가 결합된 것을 확인할 수 있다.

식물종의 격자별 존재 유무 계산은 Group Stats로 할 수 있다. 계산 시 레이어 선택은 조인된 레이어, columns는 국명(필드), unique[격자 안 종의 유무(1, 0)], rows는 격자 ID, values는 존재 유무 대상으로 국명(종)을 선택하면 계산된다. 결과는 그림과 같이 각 종들이 속하면 격자에 1(존재)로 표시된다.

여기서 rows로 ID를 선택한 것은 계산 결과를 격자에 조인하여 종별 분포를 보고자 할 때 사용하기 위해서이다.

Group Stats로 계산된 결과는 Data → Save all to CSV file에서 격자별종정보.csv 로 저장한다(CSV 저장은 테이블 간 ,,,로 저장되어야 하지만 버전에 따라 ;;;로 저장되는 경우도 있어 불러올 때 주의가 필요함).

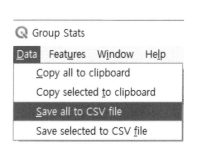

다음으로 저장된 결과를 mesh5km 레이어에 불러와 연결한다. 그런데 여기서 구분자료 분리된 텍스트 불러오기 를 눌러 불러오면 데이터 테이블에 unique, ID와 값들이 혼재하고, 필드의 속성은 모두 문자로 인식해 조인이나 계산을 할 수 없게 된다. 따라서 이런 부분을 수정해야 사용에 문제가 없다.

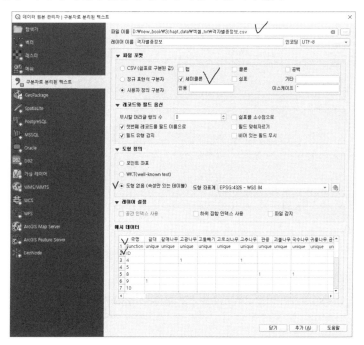

불필요하게 저장된 unique는 지우고 국명은 ID로 바꾸면 된다. 재저장은 그림과 같이 엑셀의 데이터 메뉴를 누르면 텍스트 아이콘이 나온다. 이 아이콘을 눌러 격자별종정보.csv를 불러온다.

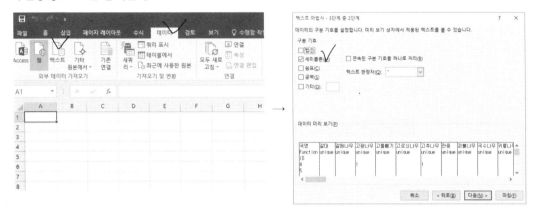

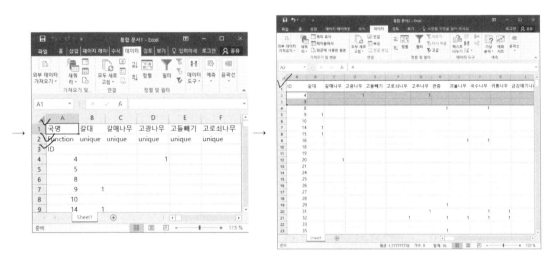

엑셀에서 불러온 결과를 보면 종명은 격자별 식물종 존재 유무를 확인하기 위해 필드명이어야 하지만 "국명, Function, ID"는 불필요하기 때문에 지우고, 필드 "국명"을 id로 바꾸고 파일 형식을 csv(쉼표로 분리) 격자별종정보_재정리.csv로 재저장한다.

다음으로 QGIS 구분자로 분리된 텍스트로 불러오기 하여 그림과 같이 체크하면된다.

〈불러온 결과〉

불러온 결과를 mesh5km에 그림과 같이 조인 레이어 선택, 조인 기준(ID)을 선택해 조인하면 된다.

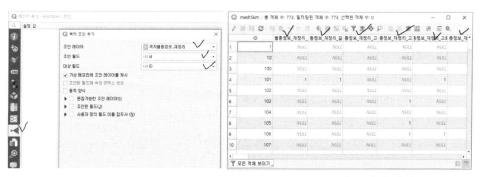

〈mesh5km에 조인된 결과〉

다음 그림은 결합된 결과를 지도로 표현한 사례로 꽃개회나무가 분포하는 곳을 나타낸 것이다.

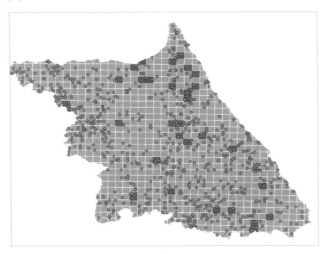

② 지표종 분석

격자(IUCN 포함)나 행정구역, 토지이용 폴리곤 단위 생물종 존재 유무 결과는 csv로 재저장하여 지표종 분석(indicator species analysis)에 활용할 수 있다.

지표종 분석은 데이터 행렬을 우선 고려해야 한다. 즉 그림(좌)와 같이 9개의 격자에 해당하는 그림(우)의 세부 격자와 일대일 대응관계를 갖도록 설계해야 한다.

일련의 절차는 종별 정보는 그림(좌)에 해당하는 격자의 ID별 종들의 유무를 계산하고, 그림(우)의 격자 ID에 일치하는 종별 정보를 계산한다. 행렬구조는 다음 표와 같이 정리되어야 한다.

그림 좌(ID)	그림 우(ID)	신갈나무	분비나무	소나무	굴참나무
1	1	1	0	1	0
2	12	0	0	1	1
3	15	1	0	1	1
4	28	0	1	0	0

레이어는 mesh10(km 간격), mesh5(km 간격)을 준비한다.

 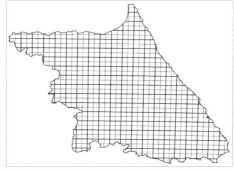

〈mesh10 레이어〉 〈mesh10 + mesh5 레이어 중첩〉

다음으로 flora100_spc를 불러오고 벡터 → 데이터 관리 도구 → 위치를 이용하여 속성을 조인을 실행하여 flora100_spc의 종별 정보에 mesh10과 mesh5의 ID를 연결한다. 연결 시 mesh10과 조인하면 "조인된 레이어"로 되는데 이를 저장하고 저장한 레이어를 불러와 mesh5와 조인해야 한다. 조인된 레이어는 그림과 같이 mesh10과 5의 ID를 저장하고 있다.

	국명	unique_id	M10_ID	M5_ID
12928	쥐오줌풀	15749	146	512
12929	쥐오줌풀	15753	146	512
12930	지렁쿠나무	15855	146	512
12931	지렁쿠나무	15929	146	512
12932	지렁쿠나무	15930	146	512
12933	지렁쿠나무	15945	146	512
12934	짚신나물	16208	146	512
12935	짚신나물	16276	146	512
12936	짚신나물	16280	146	512
12937	쪽동백나무	16458	146	512

지표종 분석을 위해 Group Stats로 격자의 종별 존재 유무를 계산한다. 그림의 체크와 같이 끌어다 놓고 calculate를 누르면 계산된다. rows의 M5_ID, M10_ID는 5, 10km 격자에 속하는 종들의 레코드를 구분한다.

결과를 저장하고 엑셀에서 불러와 불필요한 레코드와 필드를 바꾸면 된다.

〈정리 전〉　　　　　　　　　　　　〈정리 후〉

여기서 정리 후를 보면 존재 값 1이 아닌 지역은 수치가 없다. R로 계산을 위해 이 부분을 0으로 바꾸어야 한다. 바꾸는 방법은 엑셀에서 Ctrl+H를 눌러 바꿀 내용을 0으로 하고 모두 바꾸기를 클릭한다. 결과는 CSV로 재저장한다.

지표종 분석 외에 지도 보기로 사용하고자 한다면 M10, M5의 아이디를 기준으로 조인하면 된다.

분석을 위한 R코드는 다음과 같다.

```
setwd("g:/r") 데이터 파일 폴더
library("indicspecies")  ##install.packages("indicspecies") 없는 경우 인스톨
library(stats)
data(wetland) ## Loads species data
wetkm = kmeans(wetland, centers=3) ## Creates three clusters using kmeans
wetkm$cluster
wetpt = multipatt(wetland, wetkm$cluster, control = how(nperm=999))
summary(wetpt)
summary(wetpt, indvalcomp=TRUE)
sub
data <-read.csv("지표종분석_csv.csv")  ##지표종 분석 파일
sub <- data$M10_ID##정수로 저장
names(sub) <- data$M5_ID ##정수에 names함수로 속성 넣기
data_spe <- data[,-(1:3)]
row.names(data_spe) <- data$M5_ID
data_spe
set.seed(123)
habitat = multipatt(data_spe, sub,duleg=TRUE, func="IndVal")
summary(habitat)
summary(habitat, indvalcomp = TRUE)
habitat$sign$p.value
wetpt$sign$p.value
sub <- list(cluster=data[,1:2])
as.list(sub)
attr(data$h_code, "names")
str(wetkm$cluster)
```

계산된 결과는 모두 제시할 수 없으나 격자 52에는 매화말발도리 1종이, 격자 171에는 참싸리 1종이 지표종으로 계산되었다. 여기서는 연습을 위해 계산한 것이기 때문에 지표종 결과에 의미를 둘 필요는 없다.

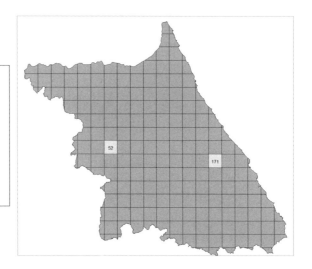

```
Group 52  #sps. 1
                A       B      stat   p.value
매화말발도리 0.07143 1.00000 0.267  0.015 *

Group 171  #sps. 1
                A       B      stat   p.value
참싸리 0.0597 1.0000  0.244   0.04
```

## 제3장

그리드 격자 제작 및 분석

벡터나 래스터 자료는 공간분석으로 사용되지만, 공간 위치에 따른 개수 계산과 생물다양성(종다양성, 종풍부도, 종균등도), 확산, 예측, 기후변화 모델링 등에 활용할 수 있다. 이러한 분석을 하려면 벡터나 래스터 자료 범위에서의 점, 선, 면 등 공간 위치에 따르는 개수 계산을 위한 레이어 제작이 선행되어야 한다. 그리드 격자 형태는 점, 무작위점, 정사각형, 다이아몬드형(마름모꼴), 헥사곤형(육각형)이고 다양한 크기와 모양을 결정하여 벡터의 개수 및 래스터 값을 그리드 격자에 넣어 공간적 분포 패턴과 모델링에 활용할 수 있다.

1. 점자료 그리드 격자 제작

점자료 그리드 격자는 등간격 점지도와 무작위 점지도 제작 두 가지 방법이 있다. 등간격 점지도는 래스터 자료에 대한 경향에 대한 분석이나 모델링에 주로 사용되고, 무작위 점지도는 지표에 분포하는 대상의 분포 예측을 위한 분석자료로 사용한다. 예를 들어 희귀지형, 산지습지, 묵논습지, 고유생물종이나 멸종위기 야생물의 분포 예측, 외래종 등 모델링(로지스틱)에 사용된다.

그리드 격자 제작을 위한 첫 번째 방법은 QGIS 기본 메뉴 기능에서 벡터 메뉴→조사 도구→정규 포인트를 실행하여 생성하고 폴리곤으로 자르면 된다.

두 번째 방법은 플러그인 검색하여 MMQGIS을 다운받아 인스톨한다. 인스톨하고 체크 확인하면 MMQGIS 메뉴가 그림과 같이 만들어진다.

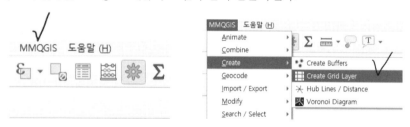

서브 메뉴에는 다양한 기능들이 있는데, 이 장에서는 Create Grid Layer를 사용하여 그리드 격자를 제작한다. Create Grid Layer를 실행하면 그림과 같이 나오고 Geometry Type를 누르면, 점, 무작위점, 선, 면, 다이아몬드, 헥사곤을 선택하여 제작할 수 있다. 점자료 그리드 격자 제작에는 범위를 결정하는 배경 레이어를 사용하면 효율적이다.

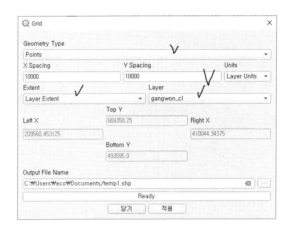

정규 및 랜덤 포인트, 격자 생성 일부 기능은 MMQGIS 확장 기능 외에도 벡터 메뉴 → 조사 도구 → 하위에서 생성이 가능하다. 여기에서는 MMQGIS 확장 기능과 벡터 메뉴 → 조사 도구 → 하위를 혼용하여 레이어를 제작하기로 한다.

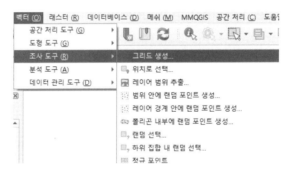

① 등간격 그리드 격자 점지도 제작

일정 등간격을 갖는 점들이 분포하는 지도를 제작하는 것이다. 우선 그리드 격자의 범위를 결정할 수 있는 gangwon_cl를 불러오고, 메뉴 기능에서 하는 방법은 벡터 메뉴 → 조사 도구 → 정규 포인트를 실행하여 점자료를 생성한다. 입력 범위는 gangwon_cl의 지도에서 범위 선택(마우스로 드래그하여 범위 선택) → 포인트 간격은 10,000m 적용하여 실행한다(이 부분은 벡터 메뉴 → 조사 도구 → 그리드 생성 → 그리드 유형 → 점을 선택하여 가능함).

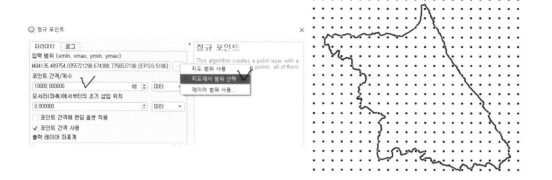

결과를 보면 gangwon_cl의 범위 밖에까지 10km 간격의 점이 생성되어 있다(배경지도 선택지의 좌하단(XY), 우상단(XY)을 기준으로 하여 경계가 만들어지기 때문). gangwon_cl로 지도를 잘라내야 한다. 자르기는 벡터 메뉴 → 공간 처리 도구 → 자르기를 한다.

〈자른 결과와 속성 테이블〉

두 번째 방법인 MMQIS를 이용하여 제작해 보기로 한다. MMQIS → Create → Create Grid Layer를 실행한다.

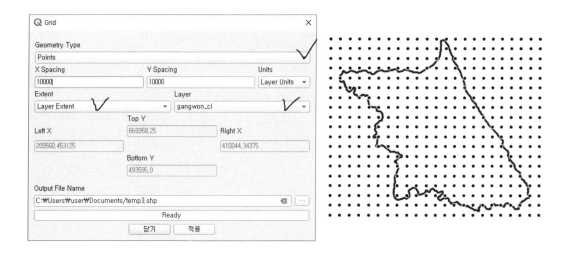

그리드 제작 창이 뜨면 Geometry Type에서 points를 선택하고, X spacing, Y spacing에서 10,000는 10km 간격의 점을 생성한다. Extent는 Layer Extent를 선택하여 점이 생성되는 범위를 불러온 레이어 범위로 결정한다. 생성되는 점의 범위는 배경지도의 좌하단과 우상단을 기준으로 만들어진다. 따라서 gangwon_cl 범위 밖은 불필요하여 잘라내야 한다. 자르는 기능은 벡터 메뉴 → 공간 처리 도구 → 자르기를 실행하여 자른다. 잘라낸 영역 점자료는 고유의 ID를 갖도록 만들어줘야 다른 레이어 정보를 입력하여 분석할 때 사용할 수 있다.

점 레이어에 ID를 넣는 작업은 ID 테이블을 열고 → 수정모드 클릭하고 → 새 필드 ID 추가하기 → 확인을 클릭하여 새로운 필드를 만든다. 새로 만들어진 ID의 값은 null로 표시되어 여기에 고윳값을 갖는 자동 ID값을 입력한다. 다음으로 필드 계산기 클릭 → 기존필드 갱신 ID 선택 → 검색창에 row_number 검색하여 클릭하고 확인을 누르면 자동으로 부여된다(점자료는 불필요한 필드명이 생성되어 있는데 레이어 속성 → 필드 아이콘에서 삭제함).

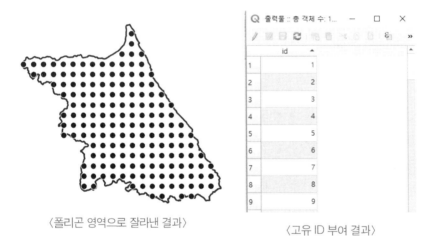

〈폴리곤 영역으로 잘라낸 결과〉　　　　〈고유 ID 부여 결과〉

② 랜덤 포인트 점지도 제작

랜덤 포인트 점자료는 공간적으로 한때 분포(서식)했지만 사라진 경우, 현재 분포하지만 다른 지역에 분포하는 대상을 알고자 할 때, 이를테면 산지습지, 금개구리, 외래종, 멸종위기 야생생물, 고유종 등에 대한 예측모델링에 필요하다. 예측 대상의 존재 레이어는 1이 되고 랜덤 포인트 점자료는 더미(dummy)로서 0이 된다.

우선 랜덤 포인트 자료를 만들기로 한다. 기본 메뉴 기능에서 하는 방법은 벡터 메뉴 → 조사 도구 → 폴리곤 내부에 랜덤 포인트 생성을 실행하고 그림의 체크에 따라 폴리곤, 포인트 수를 결정하고 실행하면 된다.

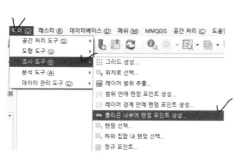
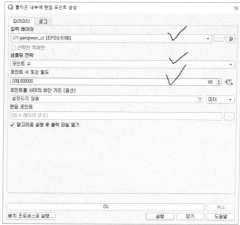

〈무작위 200점 생성된 점자료〉

〈무작위 점자료 속성〉

2. 면자료 그리드 격자 제작

① 정사각형 그리드 격자 제작

정사각형 그리드 격자 제작은 벡터 메뉴 → 조사 도구 → 그리드 생성과
MMQGIS에서 Geometry Type을 Rectangles 선택으로 가능하다.

여기서는 벡터 메뉴 → 조사 도구 → 그리드 생성으로 제작하기로 한다. 그리드 생성의 유형을 보면 점, 선, 면의 형태에 따라 제작할 수 있다. 먼저 사각형을 선택하고 → 그리드 범위는 지도에서 범위 선택(마우스로 드래그) → 수평·수직 간격 (10,000) 지정하고 실행한다. 결과는 전체가 나오기 때문에 벡터 메뉴 → 공간 처리 도구 → 자르기로 잘라낸다.

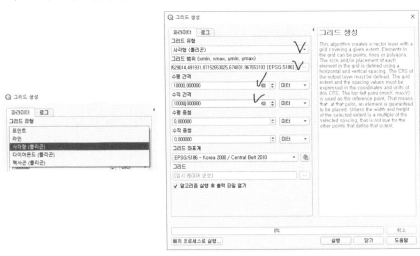

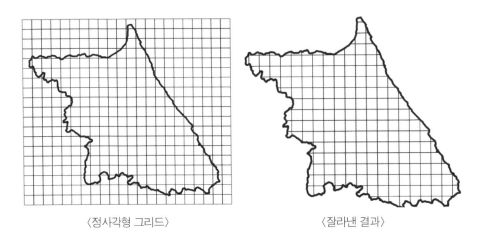

〈정사각형 그리드〉　　　　　　　　　　　　〈잘라낸 결과〉

② 다이아몬드 그리드 격자 제작

다이아몬드형 그리드 격자 제작은 벡터 메뉴 → 조사 도구 → 그리드 생성 → 그리드 유형 다이아몬드 선택 → 그리드 범위(지도에서 범위 선택)를 선택하여 다이아 몬드 수평·수직 간격(10,000)을 지정하고 제작한다. 다이아몬드형 그리드는 결과는 전체가 나오기 때문에 벡터 메뉴 → 공간 처리 도구 → 자르기로 잘라낸다.

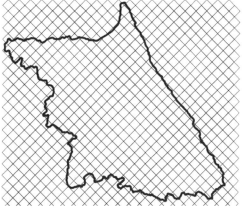

〈잘라낸 결과〉

③ 헥사곤(6각형) 그리드 격자 제작

　　헥사곤 그리드 격자 제작은 벡터 메뉴 → 조사 도구 → 그리드 생성 → 그리드 유형 헥사곤 선택 → 그리드 범위(지도에서 범위 선택)를 선택하여 헥사곤의 수평·수직 간격(10,000)을 지정하고 제작한다. 헥사곤 그리드는 결과는 전체가 나오기 때문에 벡터 메뉴 → 공간 처리 도구 → 자르기로 잘라낸다. 헥사곤의 수직·수평 거리는 그림과 같은 기준으로 설정하면 된다. 결과는 전체가 나오기 때문에 벡터 메뉴 → 공간 처리 도구 → 자르기로 잘라낸다.

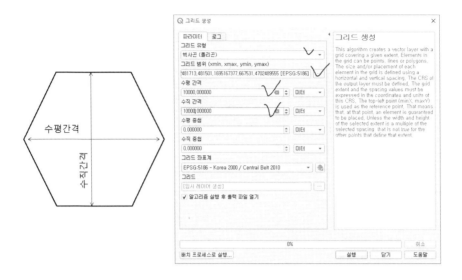

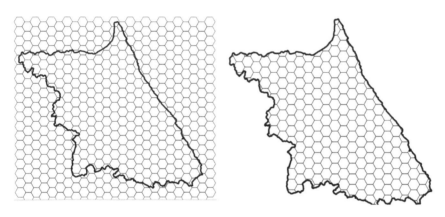

3. 로지스틱 예측모델링

그리드 격자 레이어를 이용한 로지스틱 예측모델링은 현재 존재하는 대상 자료를 바탕으로 다른 지역에 분포할 수 있는 대상의 분포를 예측하는 것이다.

로지스틱 모델링은 다음의 절차로 진행된다. 참고로 불러온 레이어는 화면에 안 보일 수도 있기 때문에 모든 레이어들은 좌표계를 EPSG:5186을 설정해야 한다.

① 로지스틱 회귀 분석 절차

(1) 실제 존재하는 대상에 대한 자료가 필요(속성은 1, present.shp),

(2) 실제 존재하는 지역을 제외한 예측 대상지에 대한 더미 레이어를 폴리곤으로 만들고

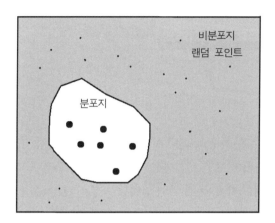

(3) 더미 레이어 폴리곤에 대한 랜덤 포인트를 생성(속성은 0, non_present.shp),

(4) present.shp와 non_present.shp를 합쳐 logit.shp 레이어를 만든다.

(5) logit.shp에 대한 환경변인 추출[여기에서는 고도(dm), 경사(slope), 사면향(aspect), 지형기복(relief), 주거지로부터 거리(h_dist), 하천으로부터 거리(s_dist), 도로부터의 거리(r_dist) 7개 변쉬](환경변인 추출은 제2장 참고)하고,

(6) r 코드로 로지스틱 분석 실행

(7) 로지스틱 회귀식으로 1차 예측지 추출(1st_predict.tif)

(8) 존재 가능성이 있는 지역 레이어(control.shp)로 래스터 메뉴 → 추출 → 마스크 레이어로 레이어 자르기를 실행하여 잘라낸다(last_predict_area.tif).

참고로 예측 대상의 비존재 랜덤 포인트 점자료는 더미를 만들 때는 존재 지역을 제외하고 랜덤 더미 포인트를 생성한 후 속성을 0, 분포에 영향을 미치는 환경인자를 계산(2장 참고)하며, 존재 지역 점자료 속성은 1로 하고 분포 환경인자를 계산(2장 참고)하여 합친 후 속성을 불러와 1, 0에 대한 통계를 분석하여 예측모델을 만든다.

〈예측 대상 1, 0 자료와 통제 레이어〉   〈더미 레이어〉

〈환경변인 레이어〉

② r 로지스틱 회귀 분석

r을 이용한 로지스틱 회귀 분석은 logit.shp의 속성을 엑셀로 불러와 로지스틱.csv로 저장한다.

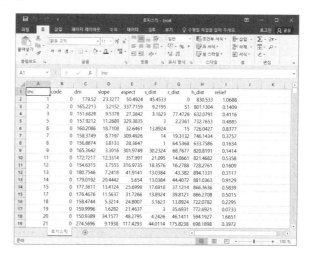

다음으로 r을 실행하여 로지스틱 회귀 분석을 실시하고

```
setwd('g:/r')
data 〈- read.csv("로지스틱.csv")
print(data)
summary(data)
str(data)
model 〈- glm(formula = code ~ dm + slope + aspect + s_dist + r_dist + h_dist + relief, data
= data, family = binomial) ## 로시스틱 예측모델
summary(model)  ## 모델식 변숫값 요약
```

로지스틱 회귀 분석에 의한 변숫값들이 산출되는데

```
oefficients:
              Estimate   Std. Error   z value   Pr(〉|z|)
(Intercept) -2.0654960   0.3250404   -6.355   2.09e-10 ***
dm          -0.0004307   0.0007108   -0.606   0.544580
slope        0.2890213   0.0715320    4.040   5.33e-05 ***
aspect       0.0003913   0.0005653    0.692   0.488763
s_dist       0.0029449   0.0010636    2.769   0.005627 **
r_dist      -0.0006702   0.0009972   -0.672   0.501523
h_dist       0.0026775   0.0003350    7.994   1.31e-15 ***
relief      -4.6405976   1.4014205   -3.311   0.000928 ***
```

계산 결과 모델 변숫값 계산 결과에 의한 모델식은 아래와 같으며

1 / (1 + 2.71828182845904 ^ (- (-2.065496 + "dm@1" * (-0.0004307) + "slope@1" * 0.2890213 + "aspect@1" * 0.0003913 + "s_dist@1" * 0.0029449 + "r_dist@1" * (-0.0006702) + "h_dist@1" * 0.0026775 + "relief@1" * -4.4605976)))

모델식은 래스터 메뉴 → 래스터 계산기로 계산한다. 예측된 결과는 아래와 같으며

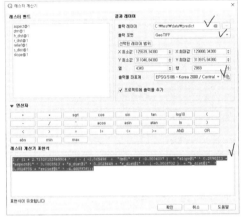

⟨1차 예측, 1st_predict.tif⟩

최종 예측 지역은 래스터 메뉴의 추출 → 마스크 레이어로 래스터 자르기를 이용하여 control 레이어로 잘라 결정되었다.

〈최종 예측, last_predict_area.tif + hill.tif〉

## 제4장

수치고도모델(DEM) 분석

수치고도모델(digital elevation model, 이하 DEM)은 지표면의 고도 값(해발고도)을 연속적 데이터 구조로 저장한 것이다. DEM으로 경사도, 사면방향, 음영기복, 3차원 등의 계산을 할 수 있다. 또한 지형면 계측분석에 의한 지표면 분석, 수리수문 모델링으로 유역분지 및 수계망을 추출할 수 있다. DEM은 지표 침식, 일조량, 기상자료, 조망권, 지형분류, 서식지 생태 등 분석, 모델링, 침식 이전의 원지형면 추정을 위한 절봉면도 제작에 사용된다.

1. DEM 기초분석

① 경사, 사면향, 음영기복 분석

DEM은 여러 자료원으로 제작하여 사용된다. (1) 수치지형도의 등고선을 추출하여 보간하여 제작된 자료, (2) 인공위성에서 스테레오 이미지나 레이더(Radar: Radio Detecting And Ranging)로 정보를 취득하여 제작된 자료(gDEM, SRTM), (3) 라이다(LiDAR: Light Detection And Ranging)로 제작된 자료, (4) 드론 UAV(Unmanned Aerial Vehicle) 등이 있다. 이 자료원들 중에 정밀도와 정확도 때문에 최근에 연구와 관심도가 높아지고 있는 것은 라이다 자료이다.

DEM을 이용한 기초분석은 경사도, 사면방향, 기복량 분석 등이다. 기초분석 결과는 그 자체로서 공간적 의미를 갖기보다는 공간적으로 대응되는 다른 정보들(식생, 토지이용, 지질 등)의 응용분석에 활용된다. 기초분석은 GIS의 래스터 메뉴에 탑재된 기본 기능이다.

그림과 같이 하부 메뉴에는 DEM 분석과 관련된 기능들이 포함되어 있다.

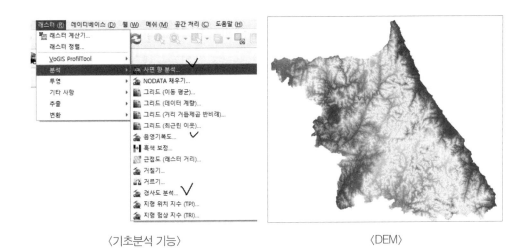

〈기초분석 기능〉　　　　　　　〈DEM〉

여기에서는 기초분석으로 경사 분석, 사면향 분석, 음영기복 분석을 하기로 한다. 기초분석을 위해 DEM을 불러오고 → 래스터 메뉴 → 경사도 분석을 그림과 같이 선택하여 실행하면 된다. 선택 사항 중 경사도를 도가 아닌 백분율로 계산할 경우가 있는데, 백분율 경사도는 모델링을 사용하는 경우에 필요할 때가 있다.

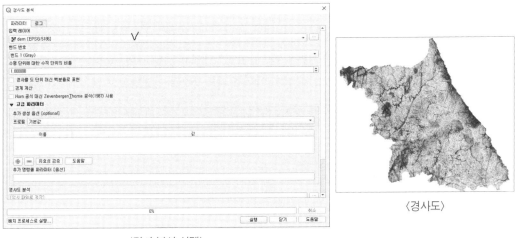

〈경사 분석 선택〉　　　　　　〈경사도〉

같은 방법으로 사면향, 거칠기, 음영기복을 계산한다.

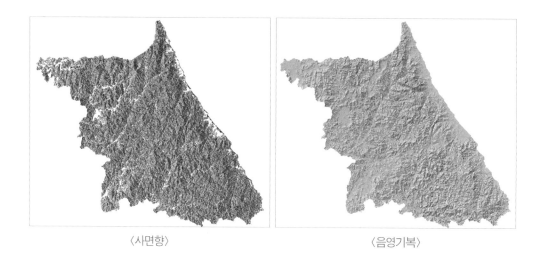

〈사면향〉 〈음영기복〉

계산 결과들은 각자의 값들이 갖는 특성이 있어, 값들을 조정·선택하면 구릉, 평야, 계곡, 단층선 추출 등에 활용할 수 있다.

② 지형단면도 제작

지형단면도 제작은 산록완사면, 하곡, 분지, 단구(하안, 해안), 고위평탄면 등의 지형 특성과 지형에 따른 식생분포 경향을 파악할 목적으로 사용된다. QGIS의 기본 기능에는 단면도 제작 기능이 없어 플러그인 검색에서 VoGIS-ProfilTool을 찾아 설치한다. 설치하여 체크를 하면 그림과 같이 아이콘 메뉴가 만들어진다.

아이콘을 누르고 다음과 같이 체크한 후에 실행하면 된다,

Distance between vertices 체크, 거리(m) 입력 시 너무 간격이 길면 단면도가 단순해지고, 짧으면 복잡한 단면도가 만들어진다.

Digitized profile line 클릭하고 단면도를 그리고자 하는 지역에 마우스를 클릭하며 시작하고, 마지막은 오른쪽 마우스를 누르면 종료된다.

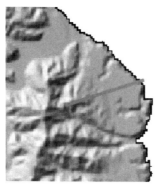
〈정동진 해안단구 지역〉

선을 그은 후 Create profile 클릭하면 단면도가 작성된다. 단면도 정보는 엑셀로 저장하여 필요시 그래프 재작성과 구간별 통계분석에 활용할 수 있다. 단면 기복의 특징을 과장하여 보고자 할 때는 그림의 1.0 → 2.0, 3.0 등으로 왜곡하여 특징을 분석한다.

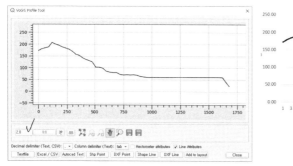

〈정동진 단면도 결과〉

〈엑셀 제작한 단면도(정동진단면도.xlsx)〉

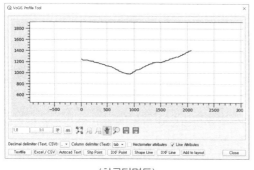
〈하곡단면도〉

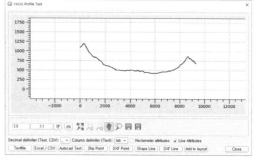
〈분지단면도: 해안분지〉

2. 지형계측 분석

지형면 계측 분석은 DEM 구역 내 고도와 평균 편찻값이 분석의 기본 논리이다. 계산 결과 양의 값(+)이 나오면 지형면이 볼록한 형태, 음의 값(-)은 오목한 형태를 갖는 원리를 이용하여 지형면을 분류하는 방법이다. 지형면 분류는 지형 연구, 생물과 생태학에서의 서식지 연구에 활용할 수 있다.

① 기복량 분석

기복량 분석은 지형학에서 오래전부터 적용해 오는 방법으로, 지형이 형성된 후에 침식과 퇴적으로 기복이 발생하기 때문에 침식에서 남은 단위 지역의 최고고도에서 침식이 많이 진행된 최저고도를 뺀 값으로 지형분류와 분포 특징을 분석하는 방법이다.

QGIS는 기복량 분석을 위한 기능이 없고, GRASS의 r.neighbors 기능을 사용해야 한다. GRASS의 기능은 QGIS 내에서 기능이 활성화는 되지만 계산 시 에러가 발생한다. 따라서 실행 결과는 같지만 GRASS의 r.neighbors 실행을 위해 그림과 같이 QGIS 시작 실행 메뉴의 QGIS Desktop ~~ with GRASS ~~을 실행해야 한다. 이렇게 실행된 QGIS는 원래의 기능을 사용하는 데 문제가 없다.

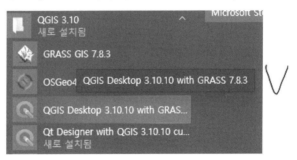

GRASS의 r.neighbors 기능은 arcgis의 focal statistics처럼 구역 내 통계 분석(평균, 표준편차, 합계 등)에 관한 여러 기능을 포함하고 있다. 이 중에서 DEM의 구역 내 최댓값(maximum), 최솟값(minimum)을 계산하여 기복량을 계산한다.

r.neighbors의 실행은 공간 처리 메뉴 하단의 툴박스를 클릭하면 오른쪽으로 툴박스가 나타난다. 검색창에 r.neighbors를 입력하면 GRASS 하부 래스터(*) 하단에 r.neighbors가 보이고 이를 클릭하면 실행된다.

실행 결과 DEM을 선택하고 이웃 작업은 maximum을 선택, 이웃 크기(3: 3×3 사이즈 계산, 필요시 4, 5, 6 등 선택)를 결정하고 실행하면 된다.

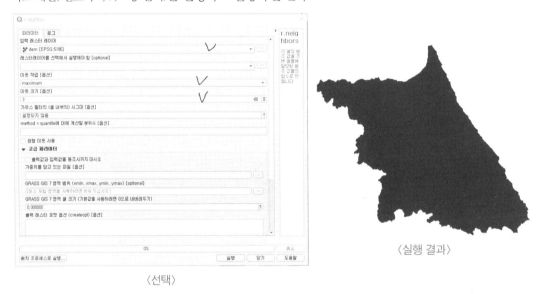

〈선택〉　　　　　　　　　　　〈실행 결과〉

실행 결과는 검은색으로 나오지만 범례를 조정하면 정상으로 보이게 된다. 레이어 속성 → 범례 → 렌더링 유형 → 단일 밴드 유사색상을 선택하면 값과 함께 분포가 나온다.

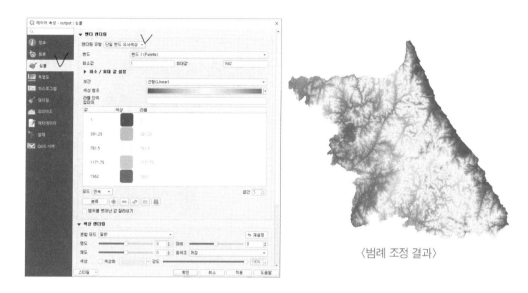

〈범례 조정 결과〉

이어 minimum을 선택하고 계산한다.

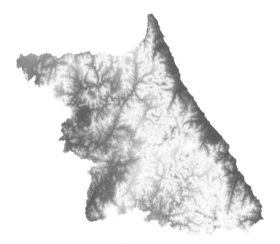

〈범례 조정 결과〉

마지막으로 메뉴의 래스터 계산기를 이용하여 maximum – minimum으로 계산한다. 적용식은 sqrt (ABS ("maximum@1" – "minimum@1"))로 실행한다.

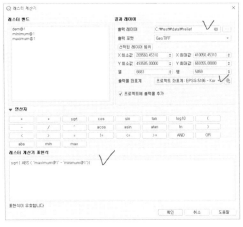

〈수식 적용〉

〈기복량도 계산 결과: 0~13〉

② 지형(지형공간 단위 서식지) 분류

계산된 기복량도는 값들에 따라 지형면들이 구분된다. 0에 가까울수록 이론적으로 평야, 단구, 용암대지, 고위평탄면 등의 평탄지이고, 수치가 0보다 큰 지역은 계곡사면, 산록완사면, 산지지역에 해당된다.

이제부터 기복량을 데이터 범주에 따라 지형면을 분류하기로 한다. 래스터 계산기로 "relief@1" = 0를 선택하면 다음과 같다. 결과는 평탄지역이 추출되었는데 하천변 단구와 범람원, 해안단구 등이 추출된 것을 확인할 수 있다. 평야, 범람원, 단구, 산록완사면, 산지에 대한 분류는 다음 식의 결과를 조합하여 가능하다.

("relief@1" = 0), ("relief@1" >= 0 AND "relief@1" <= 4), ("relief@1" > 4 AND "dem@1" >= 30)

〈① 지형분류 분류 결과〉
("relief@1" >= 0 AND "relief@1" <= 4)

〈② 평탄지 분류 결과〉
("relief@1" = 0)

〈지형분류 분류 결과〉
("relief@1" 〉 4 AND "dem@1" 〉= 30) 및 ①, ② 중첩)

　　기복량은 연속적 수칫값을 갖기 때문에 DEM, 기복량, 경사도 등을 조합하면 지형을 보다 상세하게 분류할 수 있다. 분류된 자료는 불필요한 격자들이 생성되기 때문에 툴박스 검색창에서 r.neighbors를 실행하여 이웃 작업에 mode를 선택하고 일반화한다.

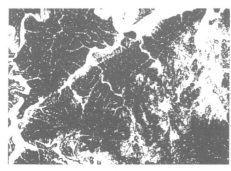

〈원본〉

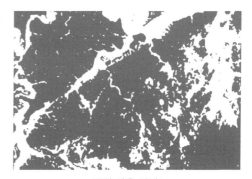

〈3차 적용 결과〉

　　기복량 분석으로는 산열이나 능선 그리고 하곡 분류에는 한계가 있다. curvature 분석으로 해결할 수 있다. 툴박스 검색창에서 upslope and downslope curvature 검색 실행하고 DEM 선택, local curvature만 체크하고 나머지는 체크하지 않고 실행한다.

〈계산된 결과: C_LOCAL 레이어〉

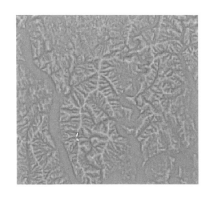

　일부 지역을 확대해 보면, 음수는 골짜기, 양수는 능선부로 표시되고 있음을 알
수 있다. 래스터 계산기를 이용하여 "C_LOCAL@1" >= 0.3을 계산하면 그림과
같이 산지 능선부와 사면부 능선 그리고 저지대를 따라 저기복 구릉들이 선택된다.
"C_LOCAL@1" >= 0.3으로 선택된 결과를 r.neighbors로 실행하여 이웃 작업에
mode로 일반화한 것이다. 능선부 지형분류 결과는 앞선 지형분류와 중첩하여 사
용한다.

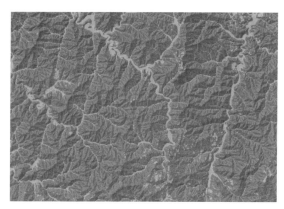

〈평지, 사면, 능선, 구릉 중첩 분류 결과〉

스케일에 따른 지형분류 단위는 DEM 해상도에 따라 결정되기 때문에 고해상도의 DEM을 사용하면 보다 세밀한 지형분류가 가능하다.

3. 수계망 및 유역분지 분석

유역분지 및 수계망은 지형과 생태지역 분석에 필수적인 요소이다. 유역분지 및 수계망 분석은 수문학적 분석의 원리를 따르고 있다. 분석에 사용되는 자료는 DEM이다. DEM은 우선 sink, peak 등의 문제가 있을 수 있어 fill로 제거를 해야 한다.

① 수계망 추출

툴박스 검색창에서 fill을 검색하면 여러 가지가 나오는데 Fill and sink(wang & liu)를 클릭하여 실행한다. DEM 선택, Filled DEM은 f_dem.sdat 입력, Flow directions은 f_dir.sdat를 입력하고 그림의 체크 부분만 처리한 후 실행한다.

Flow directions은 DEM에서 지표 흐름을 8방향으로 나눈 것인데, 흐름 값을 누적하여 유역분지 및 수계망을 추출하게 된다.

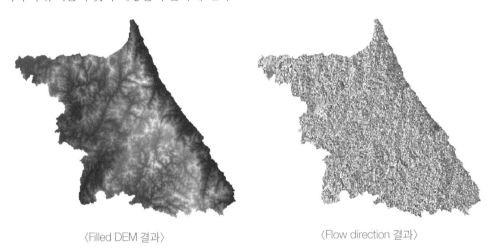

〈Filled DEM 결과〉 　　　　　　　　　　〈Flow direction 결과〉

다음으로 툴박스 검색창에서 Catchment area을 검색하여 클릭한다. Catchment area은 집수역에 대한 8방향 지표수 누적값으로 계산된다. 고도는 앞서 계산한 f_dem을 선택하고, method는 deterministic 8, catchment area는 f_acc.sdat를 입력하고 실행한다.

〈누적흐름 계산 결과: f_acc〉

계산 결과는 흐름 값의 차이로 모두 검게 보이지만, 가장 높은 값을 갖는 주하계
망은 확대해 보면 구분됨을 알 수 있다.

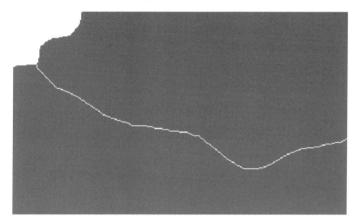

〈누적흐름 주하천 확대 지역〉

흐름 방향, 누적흐름이 계산되었으면 수계망과 유역분지를 추출할 수 있게 된
다. channel network를 실행하기 앞서 계산된 레이어들에 대해 EPSG:5186을 좌표
계를 설정해 주어야 한다. 툴박스 검색창에서 channel network를 검색하여 클릭한
다. 흐름방향(f_dir)을 선택하고, initial grid는 앞서 추출한 누적흐름(f_acc)을 선택
해야 한다. initial type은 누적흐름 임계치보다 큰 것을 선택하도록 Grater than
을 지정하고, 누적흐름 임계치(initial threshold)는 20,000,000을 입력한다. initial
threshold 값은 작을수록 저차수 수계망과 작은 규모의 유역분지까지 추출된다.
initial threshold 값이 클수록 고차수 수계망과 큰 규모의 유역분지가 추출된다. 위쪽 channel network stream20은 래스터, 아래의 stream20은 벡터이고, 출력 파일 열기는 channel network만 체크한다.

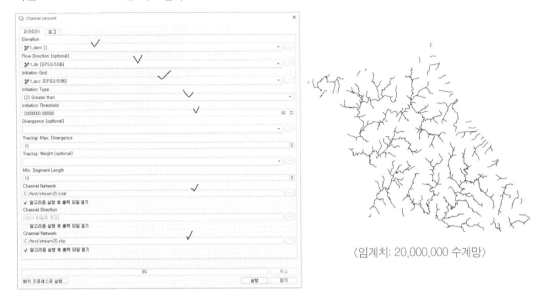

〈임계치: 20,000,000 수계망〉

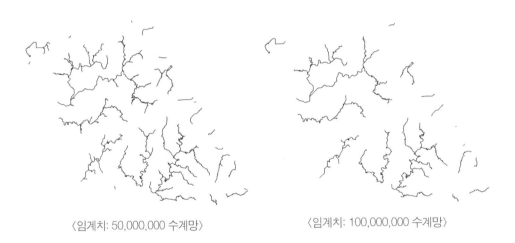

〈임계치: 50,000,000 수계망〉　　　〈임계치: 100,000,000 수계망〉

② 유역분지 추출

다음으로 channel network에서 추출된 stream_net를 이용하여 유역분지를 계산한다. 툴박스 검색창에서 Watershed basins를 검색하여 클릭한다. 고도는 f_dem을 선택하고, channel network에서 앞서 추출된 stream20을 선택하고 실행한다.

〈임계치: 20,000,000 stream20〉

〈임계치: 20,000,000 유역분지〉

〈임계치: 100,000,000 stream100〉

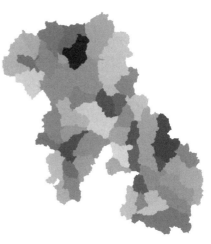

〈임계치: 100,000,000 유역분지〉

4. 토양유실량 계산

지표침식은 밭농사, 산림벌채, 산불 등으로 지표 유출수 흐름을 통제하는 식생, 토양유기물 손실로 인한 토양응집력 약화로 발생한다. 토양유기물이 갖는 응집력은 기후변화, 산성비의 영향으로 약화될 수 있어 침식에 대한 관심이 기후변화와 도 연관되는 추세이다.

지표 침식에 대한 모델은 Wischmeier & Smith에 의해 제안된 rusle(Revised Universal Soil Loss Equation)을 적용해 보기로 한다.

Wischmeier & Smith의 rusle 모델은 다음과 같다.

$A = R \times K \times LS \times C \times P$

　　A: 연간 토양유실량(ton/ac/yr)

　　R: 강우인자, K: 토양침식인자, LS: 지형인자, C: 식생인자, P: 토양보전인자

각각의 계산 인자에 지수를 적용하여 계산한 결과를 곱하면 침식률이 계산된다.

① 침식인자 계산

강수인자(r)는 연평균 침식도(mean annual erosivity: EI30)로 계산하는데 20년 이상 의 장기적으로 강우를 측정한 축적 자료를 확보하기 어려워 연간 평균 강수량을 이용한 방법인 A. G. Tocopeus(1998)가 제안한 방정식을 사용한다.

$R = 3.85 + 0.35 \times P$

여기서 R = 강우침식인자, P = 연평균 강수량(mm/yr)이다.

강수자료는 관측소를 기준으로 점자료로 만들고 강수량을 보간처리하여 사용 한다. 여기서 R의 계산은 강수 자료 속성값이 1171mm이면 강수인자를 위한 보간 값은 강수량을 적용하는 것이 아니고 R_factor = 3.85 + 0.35 × 1171 → 413.7을 적용해야 한다.

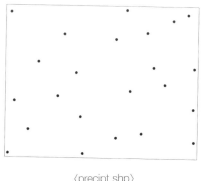

〈precipt.shp〉

	precipt	r_factor
	Q precipt :: 총 객체 수: 23, 필터링된 객체	
1	1030.870	364.65
2	1035.330	366.22
3	1358.861	479.45
4	905.259	320.69
5	880.833	312.14
6	1245.231	439.68
7	961.209	340.27
8	1171.553	413.89

〈precipt.shp 테이블〉

강수량의 r_factor를 보간하기 전에 보간경계 설정에 필요한 cl.shp와 precipt.shp를 함께 불러온다. 보간은 툴박스 검색창에서 idw 검색하여 "역거리 가중 보간법"을 클릭하고, 보간 속성값은 r_factor 선택, +를 클릭하여 r_factor 포인트 입력 확인, 범위를 "레이어 범위" 클릭하여 Cl을 선택하고, 픽셀 크기는 30(픽셀의 결정은 DEM 해상도에 따름)으로 하여 실행한다.

계산된 결과는 래스터 메뉴 → 추출 → 마스크 레이어로 래스터 자르기를 실행하여 cl로 자른다.

〈역거리 가중 보간법〉

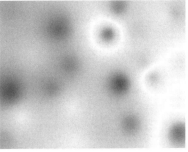

〈자르기 전: 강수인자 R〉

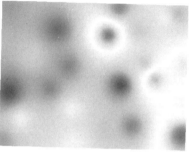

〈자른 후: 강수인자 R〉

토양침식인자 K는 입자직경, 유기물 함량, 토양구조 등에 따라 다르게 결정된다. 미국토양보존국(Soil Conservation Service) 표를 이용하여 침식인자 K값을 추출하기로 한다.

입도조성별 토양의 침식인자 K(U.S Soil Conservation Service)

입도조성	유기물 함량(%)		
Textural Class	<0.5	<2	<4
Sand	0.05	0.03	0.02
Fine sand	0.16	0.14	0.10
Very fine sand	0.42	0.36	0.28
Loamy sand	0.12	0.10	0.08
Loamy fine sand	0.24	0.20	0.16
Loamy very fine sand	0.44	0.38	0.30
Sandy loam	0.27	0.24	0.19
Fine sandy loam	0.35	0.30	0.24
Very fine sandy loam	0.47	0.41	0.33
Loam	0.38	0.34	0.29
Silty loam	0.48	0.42	0.33
Silt	0.60	0.52	0.42
Sandy clay loam	0.27	0.25	0.21
Clay loam	0.28	0.25	0.21
Silty clay loam	0.37	0.32	0.26
Sandy clay	0.14	0.13	0.12
Silty clay	0.25	0.23	0.19
Clay		0.13-0.2	

토양침식인자 값은 0~0.7의 범위 내의 값을 가진다. 토양침식인자 값이 작은 것은 사질토 성분이 많고 투수성이 높다. 0.2보다 작은 값을 갖는 토양은 높은 투수성을 갖고 있으며 0.3보다 큰 값을 갖는 토양은 낮은 투수성을 갖고 있어 토양유실이 쉽게 일어난다.

한국의 토양분류도에 미국토양보존국(Soil Conservation Service) 표를 참고하여 토양의 K인자 결정값을 적용한다.

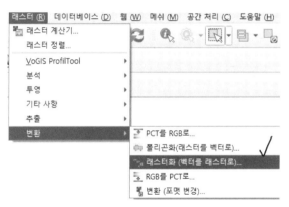

입도조성	K 인자
사질	0.05
미사식양질	0.16
식양질	0.25
실질	0.28
사양질	0.35

수등급	지형	모재	K_FACTOR
	산록경사지	퇴적암	0.25
호	하성평탄지	제4기층	0.05
호	산악지	산성암	0.35
	곡간지	산성암	0.35

soil.shp 내 폴리곤 속성의 K인자 결정값 사용은 래스터 메뉴 → 변환 → 래스터화(벡터를 래스터로)를 클릭하여 그림과 같이 체크한 부분을 선택해 입력하고 실행한다.

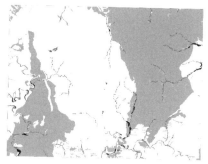

〈토양침식인자(K)〉

식생인자(C)는 토지이용도에서 속성을 재분류하여, C인자를 적용한다. 식생인자(C)는 논(0.3), 밭(0.4), 산림(0.1), 수계와 도시는 침식이 발생하지 않으므로 0으로 재구성하여 C값을 속성에 입력한다.

피복인자 C 결정값

입도조성	C인자
산림	0.1
수체	0
논	0.3
경작지(밭)	0.4
주거지	0

Q landuse :: 총 객체 수: 2113, 필터링된 객체 수: 2113, 선택한 객체 수:

	CLASS	용도	C_FACTOR
1	330	혼효림	0.1
2	310	활엽수림	0.1
3	320	침엽수림	0.1
4	330	혼효림	0.1
5	210	논농사	0.3
6	110	주거지역	0
7	330	혼효림	0.1

〈landuse.shp 속성 테이블〉

landuse.shp 폴리곤 속성의 C인자 결정값 사용은 래스터 메뉴 → 변환 → 래스터화(벡터를 래스터로) 클릭하여 그림과 같이 체크한 부분을 선택하여 입력하고 실행한다.

〈식생인자(C)〉

토양보전인자(P)는 dm_cl을 불러와 퍼센트 경사도를 계산하여 인자 값을 적용하여 percent_slope로 저장한다.

경사도(%)	인자(P)
0~5	0.12
5~10	0.3
10~15	0.6
15 이상	1

다음으로 percent_slope를 툴박스 검색창에서 r.reclass를 검색하여 클릭한다. 여기서 주의 사항은 "규칙 테스트 재분류 창"이나 "재분류 규칙을 담고 있는 파일"에 재분류 값을 입력하는 것이다. "재분류 규칙을 담고 있는 파일"은 파일(reclass_slope.txt)을 선택하는 것이고 "규칙 테스트 재분류 창"은 reclass_slope1.txt를 메모장으로 열어 복사, 붙여넣기 하는 창이다. 여기서 문제는 reclass_slope2.txt의 실젯값을 적용하지 않고 실수로 재분류하면 분류가 안 되기 때문에 정수로 1차 분류하고,

reclass_slope.txt	reclass_slope1.txt	reclass_slope2.txt
0 thru 5 = 12	0 thru 5 = 12	0 thru 5 = 0.12
5 thru 10 = 30	5 thru 10 = 30	5 thru 10 = 0.3
10 thru 15 = 60	10 thru 15 = 60	10 thru 15 = 0.6
15 thru 400 = 100	15 thru 400 − 100	15 thru 400 = 1

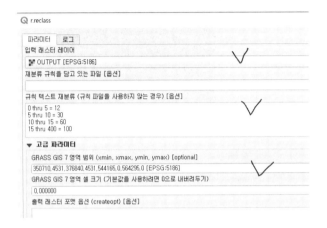

〈정수 분류 결과〉

다음, 래스터 계산지로 100을 나누면 12, 30, 60, 100 → 0.12, 0.3, 0.6, 1로 바뀐 래스터 값을 갖게 된다.

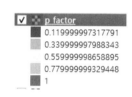

지형인자(LS)는 지형인자 값이 약 22.1m와 경사 9%에서 각각 기준 경사길이와 경사로 규정하는데 이때의 지형인자 값을 1로 정하고 이 기준값과 비교하여 상대적인 경사길이와 경사도의 변화에 의해 지형인자 값을 구한다.

계산식은 LS = Pow([flow accumulation] × resolution / 22.13, 0.6) × Pow(Sin([slope of DEM]× 0.01745/0.0896, 1.3) 여기서

Pow (x, y): x의 값에 y의 값을 지수

flow accumulation: 누적흐름도(channel network로 계산)

resolution: 셀 해상도 크기(30m)

Slope of DEM: DEM의 도 단위 경사도(degree_slope)

f_acc는 Catchment area를 실행하여 계산한다. 계산 결과는 도 단위 경사도를 계산한 후 래스터 계산기에서 계산식 적용은 다음과 같이 적용하여 ls_factor로 저장한다.

$$("f\_acc@1" * 30 / 22.13)^{0.6} * \sin("degree\_slope@1" * 0.01745 / 0.0896)^{1.3}$$

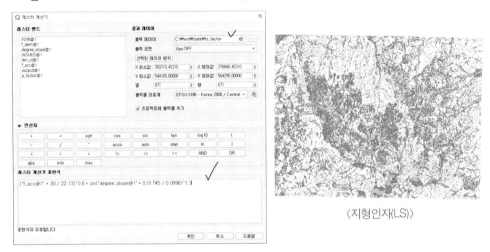

〈지형인자(LS)〉

② 침식모델 적용

마지막으로 RUSLE 모델식 R × K × LS × C × P로 적용하면 된다. 적용식은 "r_factor@1" * "k_factor@1" * "ls_factor@1" * "c_factor@1" * "p_factor@1 적용한다.

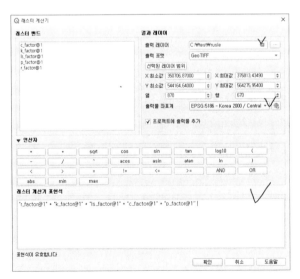

결과의 연간토양유실량 단위는 ton/ac/yr이다.

결과를 보면 유실지역이 많은 지역은 붉은색이다. 이곳은 대관령 목장과 고랭지 농업지역에 해당된다.

〈토양유실량 계산 결과, ton/ac/yr〉

5. 절봉면도 제작

절봉면은 현재의 지형면에 대한 침식 이전 지형을 복원하기 위해 산정을 따라 접하는 가상의 지형면이다. 절봉면은 침식 이전의 지형면을 복원하여 현재의 지형이 어떻게 형성되어 왔는지 추정할 수 있도록 만든 지도가 절봉면도(summit level map)이다. 절봉면도는 과거 지형면의 복원과 하천 수계망의 변화를 볼 수 있기 때문에 수계 변동에 따른 담수생물의 진화와 분포를 파악하는 데 활용될 수 있다.

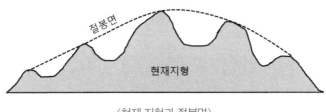

〈현재 지형과 절봉면〉

절봉면도의 작성은 전통적으로 등고선에 격자를 씌워 제작했으나 DEM을 활용하면 보다 쉽게 계산할 수 있다.

DEM의 현재 지형면을 3차원으로 표현하면 다음과 같다. Fill and sink(wang & liu)를 실행히여 수계망을 Filled DEM은 f_dem.sdat, Flow directions은 f_dir.sdat를 입력하고 Catchment area를 실행하여 f_acc를 생성한다. channel network를 실행하여 수계망 추출 임계치 100,000,000을 지정하여 추출하면 수계망은 다음과 같다.

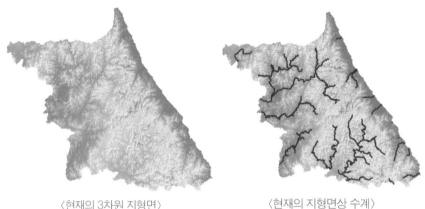

〈현재의 3차원 지형면〉　　　〈현재의 지형면상 수계〉

DEM을 이용한 절봉면도 작성은 다음과 같이 진행한다. DEM으로부터 등고선 추출 → 추출된 등고선 → 폴리곤 변환 → 등고선 폴리곤 면적 계산 → 일정 면적 이하 등고선 면 선택 → 선택된 면 디졸브 → 중심점 추출 → 중심점별 현재 고도 추출 → 고도점 보간 → 경계지역 잘라내기와 같은 순서로 진행한다.

등고선 추출은 검색창에서 contour 검색하여 등고선 생성을 클릭하여 실행한다.

실행창에서 등고선 간격은 40m로 지정했는데, 절봉면도 작성 시 최고점 추출에 영향을 미치기 때문에 DEM 고도 값의 특성에 따라 결정한다.

〈추출된 40m 간격의 등고선〉

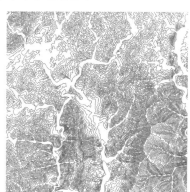

〈확대한 등고선도〉

등고선을 폴리곤으로 변환해야 한다. 폴리곤 변환은 검색창에서 polygon 검색 후 라인을 폴리곤으로 실행하여 전환한다. 여기서 주의 사항은 아이콘 ✱ 에 해당되는 라인을 폴리곤으로를 실행해야 한다는 것이다. 실행창에서 라인 레이어의 테이블 구조 유지를 체크하고 실행한다.

<〈라인(등고선)을 폴리곤(등고선 면) 전환〉

〈면으로 전환된 등고선〉　　　〈면등고선 확대〉

　면등고선의 속성을 보면 필드에 생성된 값들이 없다. 여기서 필요한 것은 면적이므로 area 필드를 만들고 면적을 계산해야 한다.

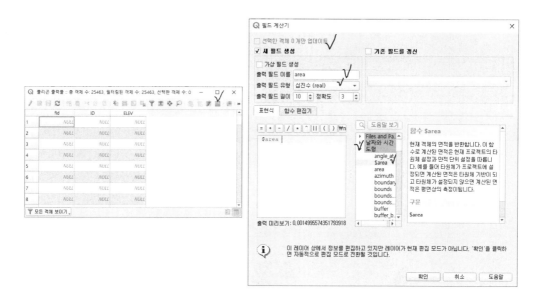

필드 계산기를 열어 새 필드 생성에서 area 입력, 필드 유형을 십진수(real)로 지정, 도형에서 $area 클릭하여 실행한다.

〈계산된 면등고선 면적〉

이어 지형면 침식 이전의 최고점이 남아 있을 것으로 예상되는 지점을 추출하기 위해 속성 검색에서 "area" < 20000를 실행하여 선택한다.

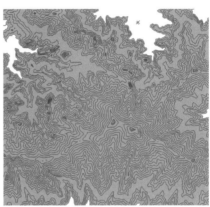

〈선택된 면폴리곤〉 〈선택된 폴리곤 지역 확대〉

선택된 폴리곤은 내보내기 → 선택된 객체를 다른 이름으로 저장한다.

저장된 면폴리곤은 내부에 또 다른 폴리곤을 포함하고 있기 때문에 디졸브를 하여 1개의 폴리곤으로 만들어야 한다. 벡터 → 공간 처리 도구 → 디졸브를 실행하여 한 개의 폴리곤으로 만든다.

이어서 디졸브된 폴리곤에 대해 Centroid를 검색하여 중심점을 추출한다.

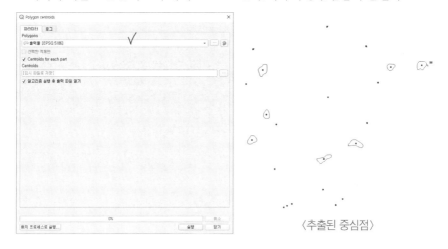

〈추출된 중심점〉

Point Sampling Tool을 이용하여 현재의 DEM이 화면에 보이도록 레이어창에서 체크하고 중심점들에 대한 현재의 고도 값을 추출한다.

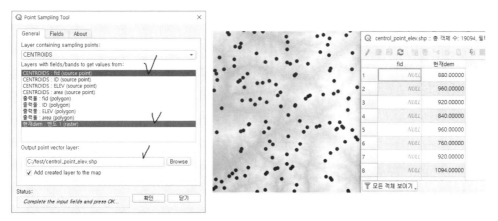

다음으로 추출된 점자료를 이용하여 보간처리하여 절봉면을 작성한다. 보간에 앞서 계산 범위와 잘라내기를 위해 gangwon_cl을 불러온다. 검색창에서 interpolation을 검색하여 multilevel b-spline interpolation을 실행한다. output extent는 gangwon_cl을 선택, 해상도는 30을 지정하고 실행한다.

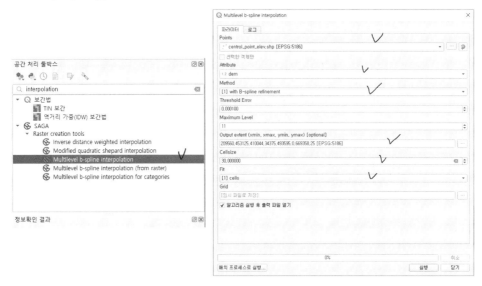

〈절봉면도 결과〉

이어 gangwon_cl 경계를 기준으로 필요 지역을 추출한다.

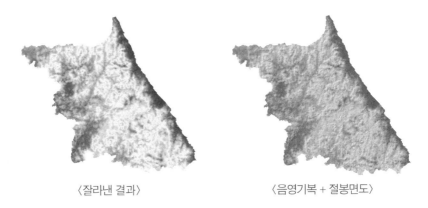

〈잘라낸 결과〉　　　　　　　〈음영기복 + 절봉면도〉

마지막으로 현재의 지형과 수계망이 어떻게 다른지 수계망을 추출한다.

Fill and sink(wang & liu)를 실행하여 수계망을 Filled DEM은 fdem.sdat, Flow directions은 fdir.sdat를 입력하고 Catchment area를 실행하여 facc를 계산한다. channel network를 실행하여 수계망 추출 임계치 100,000,000를 지정하여 추출한다.

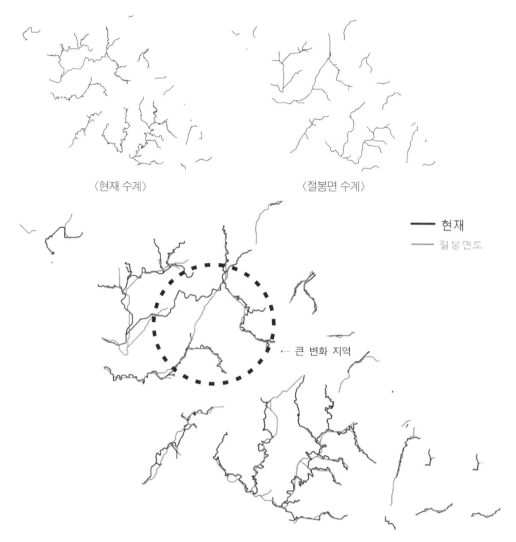

〈현재 수계〉   〈절봉면 수계〉

━━ 현재
── 절봉면도

← 큰 변화 지역

〈현재 수계 + 절봉면도 수계, 수계의 변화가 뚜렷한 지역이 나타남〉

제5장
종다양성 분석 및 멸종위기종 평가

이 장에서는 생물종에 대한 종다양성과 IUCN redlist 지표에 따른 멸종위기종 평가를 하기로 한다. 생물 종다양성이 낮아지는 것은 생물 서식지의 자연상태가 개발, 기후변화, 질병 등으로 생장과 번식에 필요한 환경 조건이 약화되기 때문이다. 생태계 변화는 상당한 진행 정도가 아니면 상황 파악이 힘들기 때문에 종다양성 분석은 기초적인 중요 지표가 될 수 있다. 서식 환경(기후변화, 포획, 채취)에 민감한 종들은 지구상에서 자취를 감추고 있어 멸종위기에 처한 멸종위기 야생생물은 IUCN redlist 평가 지표에 따라 평가하여 국내외 보호대상으로 지정하고 있다.

1. 종다양성 분석

① 생물 개체와 종수 계산

생물자료는 점위치 자료이기 때문에 종다양성 분석을 위해 행정구역 또는 격자 단위의 면자료가 필요하다. 종다양성 분석은 다음과 같은 절차로 진행한다. 점자료 각각이 면의 어디에 속하는지 공간조인 → 점자료가 속한 개체와 종에 대한 통계분석 → 통계분석 결과의 면자료 조인 → 개체수와 종수를 이용한 종다양성 분석으로 진행한다.

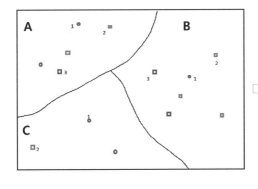

지역	종	개체
A	3	5
B	3	6
C	2	3

지역	종	개체
A	1	2
A	2	2
A	3	1
B	1	1
B	2	3
B	3	2
C	1	2
C	2	1

여기서는 강원도 면단위 지도 gangwon_myeon.shp와 식물상 flora.shp 자료를 사용한다.

벡터 메뉴의 데이터 관리 도구 → 위치를 이용하여 속성을 조인하기를 클릭하고 그림과 같이 체크한 후 실행한다.

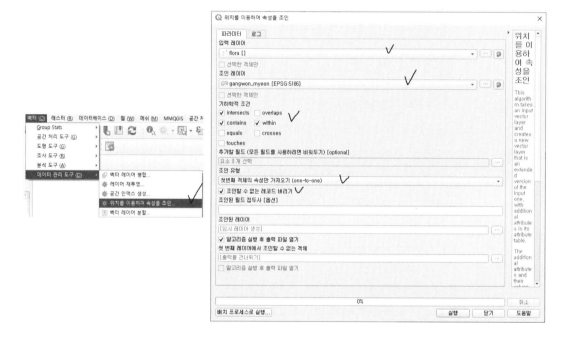

결과는 종별로 포함되는 면에 대한 속성 정보 테이블을 확인할 수 있다.

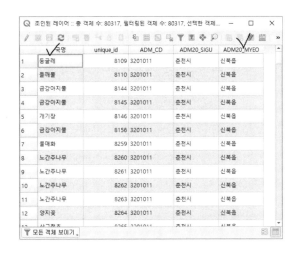

이어서 면별로 종들이 속한 개체수와 종수를 추출하는 작업을 한다. 계산은 플러그인 검색에서 인스톨한 group stats를 활용한다.

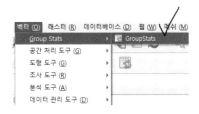

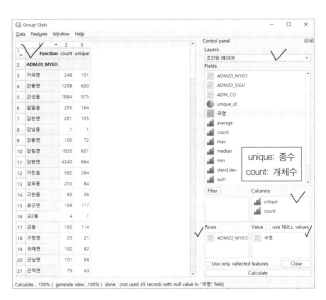

계산 결과는 data → save all to csv file로 저장한다.

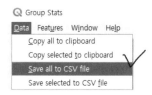

저장된 결과는 QGIS에서 구분자로 구분된 텍스트 레이어 추가(🔹)를 클릭하여
그림과 같이 체크하여 불러온다.

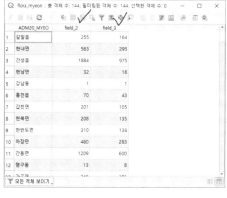

마지막으로 gangwon_myeon.shp에 조인하고 결과를 재저장한다. gangwon_myeon
레이어를 더블클릭하여 레이어 속성창에서 결합한다.

조인 결과는 임시로 연결하기 때문에 다음 분석을 위해 gangwon_myeon_jo로 저장한다.

속성 파일을 열어보면 필드명이 flora_myeo, flora_my_1로 되어 있어 구별할 수 있도록 flora_myeo → 종수(species), flora_my_1 → 개체수(individual)로 변경한다.

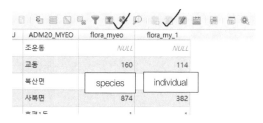

레이어 속성창을 열어 수정모드로 전환 후 필드명을 바꾸고 저장한다.

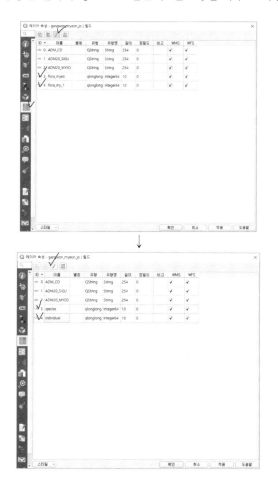

gangwon_myeon_jo을 속성을 열어보면 테이블명이 수정된 것을 확인할 수 있다.

② 종다양성 계산

종다양성은 종다양도(H', species diversity), 종풍부도(RI, species richness), 종균등도(E, eveness)가 있다. 종다양도, 종풍부도, 종균등도를 이용하여 생태계 건강성이나 변화를 파악하는 데 사용한다. 여기서는 일반적으로 사용되는 계산식을 적용한다.

종다양도(H', species diversity),

$$H' = \Sigma (Pi) * |\ln Pi|$$

Pi는 (개체수/총개체수)

종풍부도(RI, species richness)

$$RI = (S-1) / \ln(N)$$

종균등도(E, eveness)

$$E = H' / \ln(S)$$

S: 전체 종수
N: 총개체수

(종다양도, H) 계산을 위해 새로운 필드 p1, ln_p1, p1_ln(p1), H, RI, E를 만들어야 한다. gangwon_myeon_jo 속성을 열어 계산에 필요한 필드를 만든다.

속성을 열어 → 종 분석에 필요한 필드 추가 → 편집모드 전환 → 새 필드 →
이름(p1), 유형(십진수(real)), 길이(5), 정밀도(5) 입력 → 확인 → 편집모드 전환을 클
릭하여 저장한다.

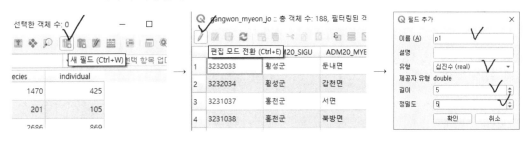

〈p1 필드 생성 결과〉

다음으로 총개체수 확인이 필요한데, 총개체수 확인은 벡터 메뉴 → 분석 도구 →
필드 기본 통계 → 입력 레이어(gangwon_myeon_jo), 통계를 계산할 필드(individual,
개체총수 계산 필요) → 실행한다.

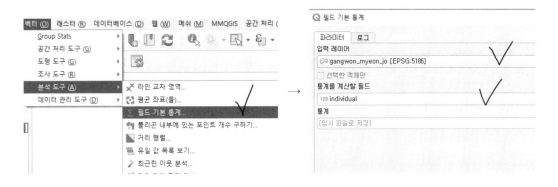

실행창에서 sum의 34153.0이 전체 개체수 값이 된다. 면단위 개체수(individual) 필드를 34153으로 나누어 p1에 입력하게 된다.

필드 계산은 속성 테이블의 필드 계산기를 열어 기존 필드 갱신 → p1 선택 → 필드와 값에서 individual 클릭 → 표현식에서 / 클릭 → 34153 입력 → 확인을 누 르면 된다. 계산식은 "individual" / 34153이다.

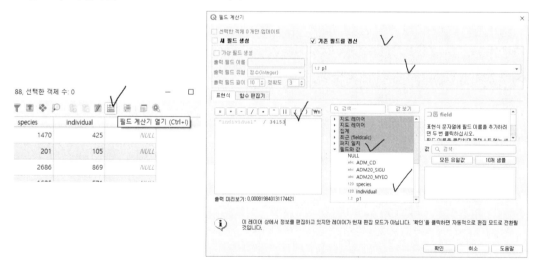

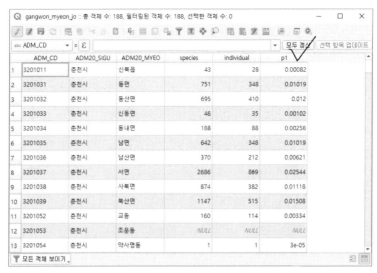

〈p1 계산 결과: "individual" / 34153〉

다음으로 p1에 자연로그 함수 ln 계산을 위해 ln_p1 필드를 만든다.

〈ln_p1 필드명 생성〉　　　　　　〈생성 결과〉

필드 계산기를 열어 기존 필드 갱신 → ln_p1 선택 → 수학의 ln 클릭 → 필드와 값에서 p1 클릭 → 표현식에서) 클릭 → 표현식에서 * 클릭 –1 입력하여 확인 누르면 계산된다. 계산식은 ln("p1") * – 1이다.

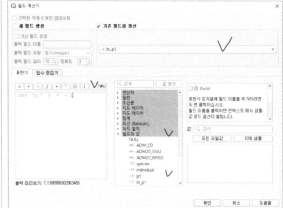

	ADM_CD	ADM20_SIGU	ADM20_MYEO	species	individual	p1	ln_p1
56	3206058	속초시	조양동	30	12	0.0003	8.11173
57	3241034	양양군	현남면	32	16	0.0004	7.82405
58	3202064	원주시	봉산동	40	19	0.0005	7.60090
59	3204059	동해시	묵호동	22	20	0.0005	7.60090
60	3201057	춘천시	근화동	24	21	0.0006	7.41858
61	3203033	강릉시	구정면	25	21	0.0006	7.41858
62	3204054	동해시	부곡동	52	22	0.0006	7.41858
63	3237032	화천군	하남면	37	21	0.0006	7.41858
64	3204060	동해시	북평동	33	25	0.0007	7.26443
65	3201011	춘천시	신북읍	43	28	0.0008	7.13090
66	3201033	춘천시	신동면	46	35	0.001	6.90776
67	3207033	삼척시	노곡면	66	37	0.001	6.90776
68	3231034	홍천군	서석면	46	35	0.001	6.90776

〈ln_p1 계산 결과: ln("p1") * - 1〉

다음은 p1과 ln_p1을 곱하기 위해 종다양도 필드 H를 만들고 필드 계산기로 "P1"*"In_p1" 계산한다. 계산을 마치면 편집모드로 전환하여 저장한다.

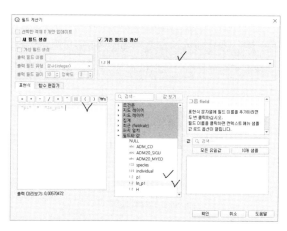

	ADM_CD	ADM20_SIGU	ADM20_MYEO	species	individual	p1	ln_p1	H
100	3207031	삼척시	근덕면	75	43	0.0012	6.72540	0.00807
101	3207032	삼척시	하장면	460	283	0.0062	4.80360	0.03939
102	3207033	삼척시	노곡면	66	37	0.001	6.90770	0.00691
103	3207034	삼척시	미로면	2045	531	0.0155	4.16690	0.06459
104	3207035	삼척시	가곡면	248	101	0.0029	5.84300	0.01694
105	3207036	삼척시	신기면	96	55	0.0016	6.43770	0.0103
106	3207051	삼척시	남양동	14	8	0.0002	8.51710	0.0017
107	3207052	삼척시	성내동	8	4	0.0001	9.21030	0.00092
108	3207053	삼척시	교동	160	114	0.0033	5.71380	0.01886
109	3207054	삼척시	정라동	201	96	0.0028	5.87810	0.01646
110	3231011	홍천군	홍천읍	70	43	0.0012	6.72540	0.00807
111	3231031	홍천군	화촌면	1207	461	0.0135	4.30500	0.05812
112	3231032	홍천군	두촌면	852	464	0.0135	4.30500	0.05812
113	3231033	홍천군	내촌면	76	63	0.0018	6.31990	0.01138

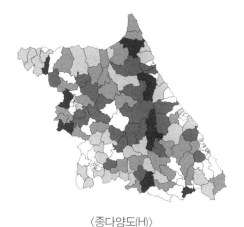

〈종다양도(H)〉

(종풍부도, RI) 계산은 (종수 - 1) / ln(개체수), 즉, (species - 1) / ln(individual)로 계산할 수 있다. 먼저 테이블을 열어 RI 필드를 만든다. 다음으로 필드 계산기를 열어,

("species" - 1) / ln("individual")을 적용하면 종풍부도가 된다. 계산을 마치면 편집모드 전환으로 저장한다.

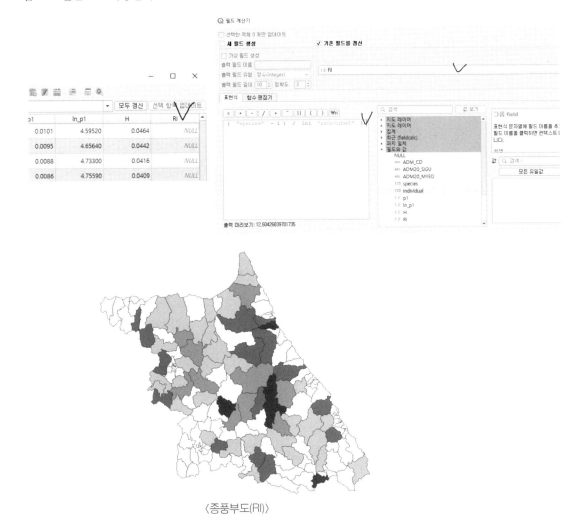

〈종풍부도(RI)〉

(종균등도, E) 계산은 종다양도 / ln(종수), 즉, H / ln(species)로 계산할 수 있다. 먼저 테이블을 열어 E 필드를 만든다. 다음으로 필드 계산기를 열어,

"H" / ln("species")을 적용하면 종균등도가 된다. 계산을 마치면 편집모드 전환으로 저장한다.

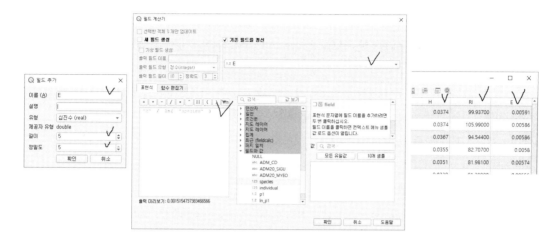

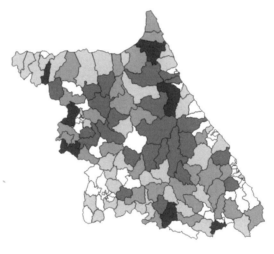

〈종균등도(E)〉

2. 멸종위기(IUCN 적색목록, redlist) 등급 평가

　생태계의 위협에 따라 지구상의 생물들은 감소, 절멸 등으로 사라지고 있다. 국제
자연보전연맹(International Union for Conservation of Nature and Natural Resources: IUCN)
에서는 국제멸종위기 야생생물의 보존과 관리를 위해 등급을 아홉 범주로 분류한다.
9가지 분류 기준은 저작권 문제로 이 책에 제시할 수 없으므로 다음을 참고하시기
바랍니다.

hhttps://www.iucnredlist.org/

https://ko.wikipedia.org/wiki/IUCN_%EC%A0%81%EC%83%89_%EB%AA%A9
%EB%A1%9D

생물멸종위기 등급 평가는 IUCN redlist 평가 방식에 따른다. IUCN redlist 평가 기준에 따르면 위협 범주[위급(CR), 위기(EN), 취약(VU)]에 따라 5종류의 기준 중 하나를 만족하면 평가할 수 있다.

(a) 직접 관찰

(b) 분류군에 적합한 풍부도 지수

(c) 점유면적(Areas of occupancy: AOO), 출현범위(extent of occurrence: EOO) 그리고/
　　또는 서식지 질의 하락

(d) 남획의 실질적 또는 잠재적 수준

(e) 도입 분류군, 잡종화, 질병원, 오염원, 경쟁자나 기생자의 영향

GIS 기법에 의한 평가는 분포의 지리적 범위를 기준으로 할 경우 출현범위와 점유면적을 기준으로, 점유면적은 IUCN 2km × 2km 격자를 평가한다.

지리적 범위	위급(CR)	위기(EN)	취약(VU)
출현범위(EOO)	$CR < 100km^2$	$100 <= EN < 5,000km^2$	$5000 <= VU < 20,000km^2$
점유면적(AOO)	$CR < 10km^2$	$10 <= EN < 500km^2$	$500 <= < 2,000km^2$

자료: 국립생물자원관, 『한국의 멸종위기 야생동·식물 적색자료집 관속식물』(2012), 8쪽 〈표 7〉 참고.

등급의 평가는 (i) 출현범위, (ii) 점유면적, (iii) 서식지 면적 그리고/또는 질, (iv) 지역 수 또는 아개체군, (v) 성숙한 개체수가 지속적으로 하락하고 있다는 전제하에 평가한다.

① 단일개체 등급평가

출현범위(extent of occurrence: EOO) 계산,

등급평가에 사용되는 자료는 2km × 2km 격자 레이어(iucn_grid.shp), 종 레이어(abies.shp) 2개가 필요하다. 종정보는 한국 고유종인 구상나무를 대상으로 한다. 2km × 2km 격자 레이어 속성에는 $4km^2$ 면적을 포함하고 있다.

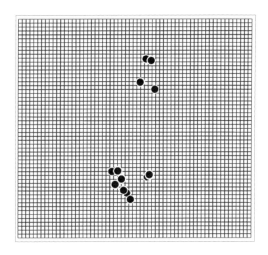

우선 점자료를 둘러싸고 있는 최외곽 폴리곤 경계를 만들어 면적을 산출해야 한
다. 여기서 폴리곤 경계는 출현범위에 해당된다. 계산은 툴박스 검색창에서
concave hull를 검색하여 concave hull(k-최근린 이웃)을 클릭한다. 그림과 같이 체
크하여 실행하면 된다.

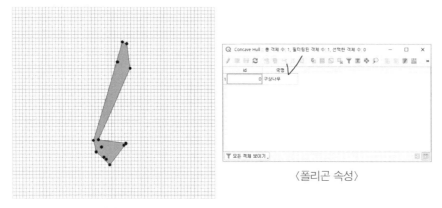

〈계산된 결과〉

〈폴리곤 속성〉

폴리곤 속성을 열어보면 출현범위에 해당되는 면적이 없기 때문에 필드명 area 를 만들고 계산해야 한다. 면적 계산은 필드 계산기를 열고 → 도형 → $area 클릭 → $area / 1000000 계산한다(EOO 면적 단위가 km²이므로 m² / 1000000 나누어 km² 로 환산).

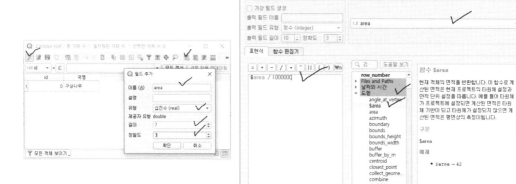

〈결과: 출현범위 512km²〉

점유면적(Areas of occupancy: AOO) 계산,

개체의 IUCN 격자 기준에 따라 점유면적 계산은 벡터 → 위치로 선택 실행하여 IUCN 격자를 선택하면 된다.

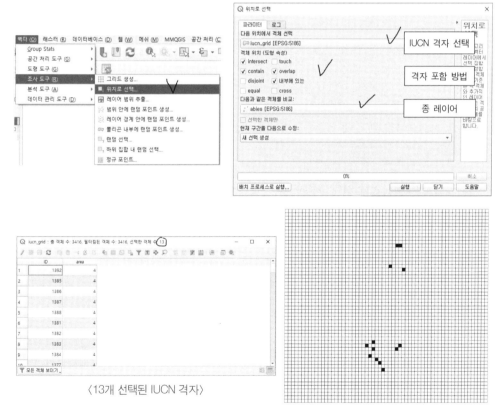

〈13개 선택된 IUCN 격자〉

〈점유면적 선택 결과〉

IUCN 격자가 13개 선택되었으므로 점유면적(AOO)은 4km²× 13 = 52km²이고, 점유면적이 512km²이기 때문에 구상나무는 IUCN 기준에 따르면 위급(CR: Critically Endangered)에 해당되어 절멸할 가능성이 대단히 높다고 볼 수 있다.

지리적 범위	위급(CR)
출현범위(EOO)	CR < 100km²
점유면적(AOO)	CR < 10km²

다수 종들에 대한 평가 결과를 지도나 분석용에 사용하기 위해 점 레이어 속성에 평가등급 기호를 넣어야 한다.

등급평가 결과 구상나무 레이어 CR 속성 입력은 다음과 같이 하면 된다. abies.shp 속성을 열어 편집모드 전환 → 새 필드 클릭하여 이름(IUCN), 유형(텍스트), 길이(5)로 입력한다.

다음으로 필드 계산기를 열어 그림과 같이 선택하고 'CR' 문자를 입력하고, 편집모드 전환으로 저장한다.

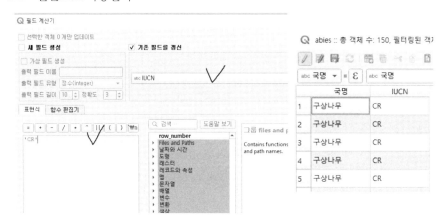

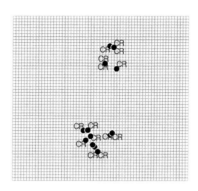

〈멸종위기 평가등급 분포도〉

② 복수개체 등급평가

다음으로 복수의 개체들에 대해 멸종위기 등급을 평가해 보기로 한다. 복수 개체는 한반도에 서식하는 고유종과 북방계 식물종을 대상으로 한다. 여기서 사용되는 자료는 Kiucn_2by2 격자, boundary(배경지도 활용) 및 flora14sp를 사용한다.

계산 절차는 15종들의 외곽 폴리곤 경계를 만들어 면적을 산출해야 한다. 여기서 폴리곤 경계는 출현범위(EOO)에 해당된다. 계산은 툴박스 검색창에서 concave hull을 검색하여 concave hull(k-최근린 이웃)을 클릭한다. 그림과 같이 체크에 따라 실행하면 된다. 여기서 flora_14sp 레이어의 kname 필드에는 14개의 종들이 있기 때문에 14개의 종별 출현범위가 만들어진다.

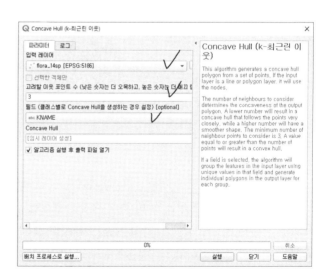

〈boundary + flora_14sp〉

결과는 14종에 대한 출현범위와 속성으로 만들어지는데 area가 없기 때문에 면적을 계산하면서 1000000으로 나누어 단위를 km²로 전환해야 한다.

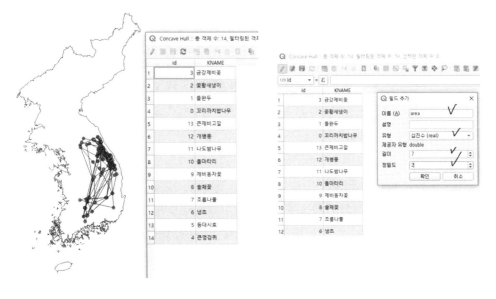

〈면적 환산〉

〈종별 출현범위 계산 결과〉

종별 점유면적(Areas of occupancy, AOO) 계산,

다음으로 종들이 포함되는 iucn_2by2 격자를 계산한다. 다수 개체들은 단일 개체와는 좀 달리 계산해야 한다. 벡터 메뉴 → 데이터 관리 도구 → 위치를 이용하여 속성을 조인을 실행하여 flora_14sp에 iucn_2by2 격자를 연결해야 한다. 연결 시 조인 유형은 one-to-many로 해야 한다.

〈연결된 결과〉

다음으로 Group Stats으로 종별로 연결된 2by2 격자의 개수를 계산한다. 격자의 개수는 곳 면적 산정(2개 면 × 4 → 8km²)에 사용된다. 계산된 결과는 csv로 저장한 후, 불러와 종별 출현범위와 속성에 조인한다.

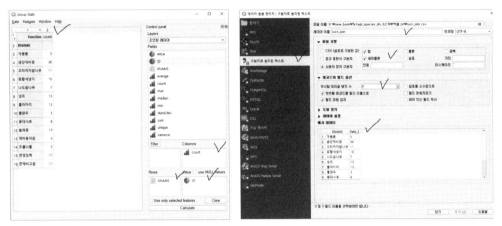

〈계산 결과〉 〈저장한 결과 불러오기〉

불러온 결과는 조인된 레이어 속성을 열어 불러온 자료(iucn_join)와 조인 기준이 id가 아닌 필드명 KNAME(종명)으로 선택하고 연결하고 레이어를 flora_18sp로 재저장한다. flora_18sp 속성을 열어보면 종별 iucn 격자의 개수가 연결된 것을 확인할 수 있다.

이번에는 연결된 iucn 격자수에 대해 면적을 계산하기 위해 속성 정보를 편집모드로 전환하고 새 필드 생성하여 iucn_area를 만든다. 다음으로 필드 계산기로 면적을 "iucn_join_field_2" * 4 계산한다. 계산을 마치면 편집모드 전환으로 저장한다.

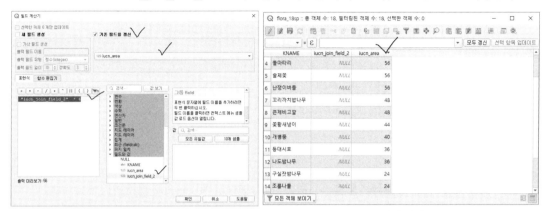

〈필드 계산기: "iucn_join_field_2" * 4〉 　　　　　　　　　　　　　〈계산 결과〉

다음으로 앞서 출현범위를 convex로 계산한 종별 경계 도형 폴리곤을 종 이름 기준으로 조인한다. 이미 조인 상태로 있는 조인된 레이어의 속성을 열어 조인한다.

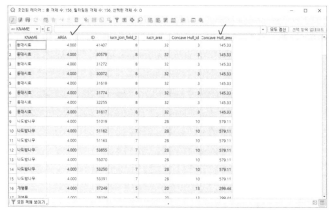

〈조인된 결과〉

결과를 보면 종별 속성 정보에는 출현범위(EOO) 면적 필드인 경계도형인 area와
종별 점유면적(AOO)인 iucn_area가 함께 있다. 최종 조인 결과는 내보내기 → 객체
를 다른 이름(flora_14sp_iucn)으로 저장하기로 재저장하여 지리적 범위 기준에 따라
등급평가를 한다.

등급평가를 위해 EOO, AOO 필드를 텍스트 형식으로 만든다.

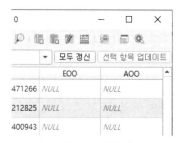

〈평가용 필드 생성 결과〉

다음으로 지리적 범위 평가 기준에 따라 EOO와 AOO를 분류하고 결과를 입력한다.

지리적 범위	위급(CR)	위기(EN)	취약(VU)
출현범위(EOO)	CR < 100km^2	100 <= EN < 5,000km^2	5000 <= VU < 20,000km^2
점유면적(AOO)	CR < 10km^2	10 <= EN < 500km^2	500 <= VU < 2,000km^2

AOO 분류와 평가는 다음과 같이 진행한다.

"iucn_area" < 10 → CR

10 <= "iucn_area" < 500 → EN

EN, 500 <= "iucn_area" < 2,000 → VU로 평가한다.

속성 정보 선택 기능을 이용하여 AOO에 해당하는 "iucn_area" < 10를 선택하고, 필드 계산기를 열어 'CR'로 입력한다. 이어 10 <= "iucn_area" < 500을 선택하고 'EN', 500 <= "iucn_area" < 2,000을 선택하고, 'VU'를 입력한다.

〈 "iucn_area" >= 10 AND "iucn_area" 〈 500〉 〈'EN'〉

EOO에 해당하는 "concave_1" < 10을 선택하고, 필드 계산기를 열어 'CR'을 입력한다. 이어 100 <= "concave_1" < 5,000을 선택하고 'EN', 5,000 <= "concave_1" < 20,000 하고, 'VU'를 입력한다.

"concave_1" < 100 → CR

"concave_1" >= 100 AND "concave_1" < 5000 → EN

"concave_1" >= 5000 AND "concave_1" < 20000 → VU

〈IUCN 등급 평가 결과〉

〈등급 분포도〉

## 제6장

생물대 바이옴 분석

생물대 바이옴은 기후 조건과 지리적인 요건에 따라 생물대가 구분되는 생물군집 단위이다. 생물군집의 지리적인 분포는 일반적으로 기온과 강수량에 가장 큰 영향을 받는다. 바이옴에 따라 산림은 냉대림, 온대림, 아열대림, 열대림 등으로 구분된다. 생물군집의 지리적 구분에 의한 생물상 분포는 Whittaker's biomes이 널리 알려져 있다(Whittaker, 1970). 오늘날 바이옴은 기후변화에 대한 생물상 군집의 변화와 이동, 지리적 분포 분석에 활용할 수 있다.

생물개체 자료는 점위치 자료이기 때문에 바이옴 분석 대상이 되는 종들이나 지역을 선택하여 제2장 "공간정보의 조인, 통계 및 환경변수 추출"에 따라 강수량과 기온을 추출한다. 바이옴 분석은 R 스크립트로 수행한다. 이 장에서는 ① 위도와 고도에 따른 한반도 지역별 바이옴, ② 종별 바이옴, ③ 아한대, 아열대, 백두대간, 고유종의 바이옴에 대한 R을 이용한 바이옴 분석을 수행한다.

한반도 전역에 대한 강수량과 기온 자료 precipitation.tif, temperature.tif는 Korean Peninsula 폴더에 있다. 바이옴 분석 대상 종 정보가 준비되면 Point Sampling Tool 분석으로 강수량과 기온을 점자료에 추가한다. 필요하면 엑셀로 불러와 필드명과 종명 등을 수정하여 R로 분석한다.

이 장에 필요한 자료는 지역별 바이옴은 위도별 7개 지역(백두산, 묘향산, 평양, 설악산, 소백산, 남부 해안, 제주 지역)의 생물군계, 식물종별 바이옴은 고유종 2종(구상나무, 노각나무), 아열대식물 2종(봉의꼬리, 붉가시나무), 아한대식물 3종(속새, 잎갈나무, 자작나무)을 선택했고, 생물지리적 분포를 갖는 식물구계 4개 지역(백두대간, 아한대, 고유종, 아열대식물)에 대한 생물군계 분석을 위한 생물 자료를 준비했다.

1. 자료 준비 및 R 분석 방법

바이옴 분석에 앞서 분석 대상 식물종을 선택해야 한다. 여기에서는 이깔나무 (백두산), 구상나무(고유종), 줄댕강나무(석회암지 선호식물), 참식나무(아열대식물) 4종을 선택하여 해보기로 한다. 다음으로 precipitation.tif, temperature.tif를 함께 불러와 Point Sampling Tool을 이용하여 biome_layer.shp에 해당되는 위치에서의 강수량과 기온을 추출한다.

⟨biome_layer.shp + precipt⟩

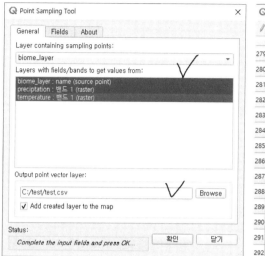

	name	precipt	temper
279	이깔나무	800.00000	-0.50000
280	이깔나무	802.00000	-0.70000
281	이깔나무	793.00000	-0.70000
282	이깔나무	828.00000	-1.10000
283	이깔나무	760.00000	0.20000
284	참식나무	1354.00000	15.20000
285	참식나무	1537.00000	15.60000
286	이깔나무	769.00000	0.00000
287	이깔나무	829.00000	-1.10000
288	참식나무	1752.00000	15.60000
289	참식나무	1552.00000	15.60000
290	참식나무	1185.00000	15.60000
291	참식나무	1352.00000	15.10000
292	참식나무	1636.00000	15.00000

〈위치별 강수량, 기온 추출〉   〈강수량 + 기온 속성 정보〉

강수량과 기온이 추출되면 재저장하는데, 형식을 csv, 인코딩을 system으로 지정하고 저장한다. csv로 저장하는 이유는 R 스크립트 데이터로 사용하기 위해서이다.

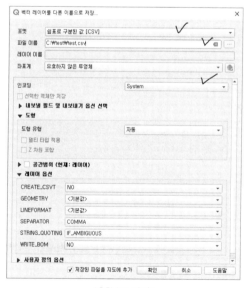

〈CSV로 저장〉

```
setwd("g:/r")  ## 파일 및 결과 저장 위치
library(ggplot2)
library(devtools)
library(plotbiomes) ## 위태커 바이옴 라이브러리 불러오기
library(rJava)
library(RColorBrewer)
data <- read.csv("biome_layer_env.csv") ## 파일명
color7 <-rgb(4,130,0, max=255)
color6 <-rgb(20,130,0, max=255)
color5 <-rgb(40,130,0, max=255)
color4 <-rgb(43,130,0, max=255)
color3 <-rgb(184,224,38, max=255)
color2 <-rgb(61,68,255, max=255)
color1 <-rgb(255,160,120, max=255)
color  <-c(color1,color2,color3,color4,color5,color6,color7)

plot_1 <- ggplot() +
  # add biome polygons
  geom_polygon(data = Whittaker_biomes,
          aes(x = temp_c,
              y = precp_cm,
              fill = biome),
              # adjust polygon borders
              colour = "gray98",
              size = 1,
              alpha = 0.8) +
  theme_bw()

xlabel <- expression("Temperature" (degree*C))
plot_2 <- plot_1 +
  # fill the polygons with predefined colors
  scale_fill_manual(name = "Whittaker biomes",
              breaks = names(Ricklefs_colors),
              labels = names(Ricklefs_colors),
              values = Ricklefs_colors)+
  ggplot2::scale_x_continuous(xlabel) +
  ggplot2::scale_y_continuous('Precipitation (cm)')
## 결과 이미지는 whittacker biome test.tif로 저장
tiff("whittacker biome test.tiff", width=2000, height=1500, res= 260, type = "cairo") ## 이미지 저장
plot_2 +
  geom_point(data = data,
          aes(x = temper,
              y = (precipt*0.1)),
              shape = 21,
              stroke =1,
              colour ="gray95",
              size =3.5) +
  geom_point(data = data,
          aes(x = temper,
              y = (precipt*0.1), ## 강수량 1000mm 단위 0.1 곱하기
              colour = as.factor(name)),
          size = 3,
          shape = 16,
          alpha = 0.6)+
  scale_color_manual(name= "Biome for 4 species test", ## 범례
          values = c("구상나무" = "green",
                    "이깔나무" = "black",
                    "줄댕강나무" = "blue",
                    "참식나무" = "red"),
          labels = expression(italic("구상나무" = "Abies koreana "), ##한글은 깨져 영문표기함
                    italic("이깔나무" = "Lentinus lepideus"),
                    italic("줄댕강나무" = "Abelia tyaihyoni"),
                    italic("참식나무" = "Neolitsea sericea (Blume)")))+
  theme_bw()

dev.off()
```

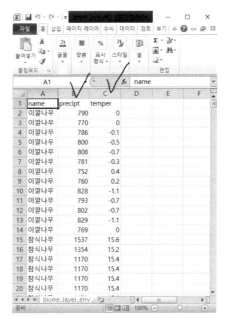

〈엑셀로 불러온 결과: biome_layer_env.csv〉

다음은 R 스크립트(4종 테스트 R.txt)를 실행하면 바이옴 파일이 만들어진다.

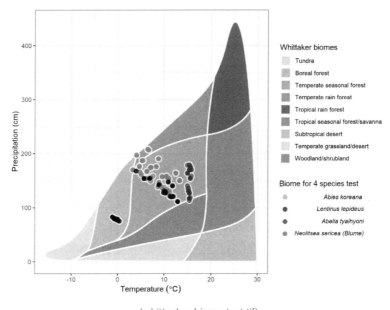

〈whittacker biome test.tif〉

2. R을 이용한 바이옴 분석

① 위도와 고도에 따른 바이옴 분석

위도별 바이옴은 한반도의 중심을 이루는 백두산에서 제주도까지의 위도별 분포에 대한 바이옴을 분석하기 위한 것이다. 대상지는 7개 지역(백두산, 묘향산, 평양, 설악산, 소백산, 남부 해안, 제주 지역)의 위도와 고도를 따라 군집하는 생물상들에 대한 강수량과 기상자료를 제작하여 분석하고자 한다.

〈lat_species.csv〉

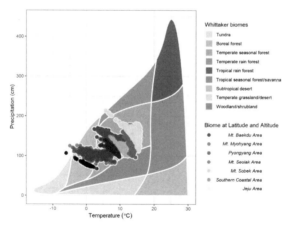

〈위도대별 바이옴〉
whittacker biome_latielev.tif

R 스크립트는 〈위도와 고도대별 바이옴 R.txt〉와 〈lat_species.csv〉를 이용하여 실행한다. 스크립트를 R에서 실행하면 그림 〈위도대별 바이옴〉 whittacker biome_latielev.tif 이미지 파일이 만들어진다.

〈위도와 고도대별 바이옴 R.txt〉

```
setwd("g:/r") ## 파일 위치 및 결과 저장
library(ggplot2)
library(devtools)
library(plotbiomes)
library(rJava)
library(RColorBrewer)

data <- read.csv("lat_species.csv") ## 파일명
color7 <-rgb(4,130,0, max=255)
color6 <-rgb(20,130,0, max=255)
color5 <-rgb(40,130,0, max=255)
color4 <-rgb(43,130,0, max=255)
color3 <-rgb(184,224,38, max=255)
color2 <-rgb(61,68,255, max=255)
color1 <-rgb(255,160,120, max=255)
color <-c(color1,color2,color3,color4,color5,color6,color7)
plot_1 <- ggplot() +
  # add biome polygons
  geom_polygon(data = Whittaker_biomes,
          aes(x    = temp_c,
              y    = precp_cm,
              fill = biome),
              # adjust polygon borders
              colour = "gray98",
              size  = 1,
              alpha=0.8) +
  theme_bw()
xlabel <- expression("Temperature " ( degree*C))
plot_2 <- plot_1 +
  # fill the polygons with predefined colors
  scale_fill_manual(name   = "Whittaker biomes",
              breaks = names(Ricklefs_colors),
              labels = names(Ricklefs_colors),
              values = Ricklefs_colors)+
  ggplot2::scale_x_continuous(xlabel) +
  ggplot2::scale_y_continuous('Precipitation (cm)')
## 결과 이미지는 whittacker biome_latielev.tif로 저장
tiff("whittacker biome_latielev.tiff", width=2000, height=1500, res= 260, type = "cairo") ## 이미지 저장
plot_2 +
  geom_point(data = data,
          aes(x = temper,
              y = (precipt*0.1)), ## 강수량 * 0.1
              shape = 21,
              stroke = 1,
              colour ="gray95",
              size =3.5)  +
  geom_point(data = data,
          aes(x = temper,
              y = (precipt*0.1),
              colour = as.factor(name)),
              size = 3,
              shape = 16,
              alpha = 0.6)+
  scale_color_manual(name= "Biome at Latitude and Altitude", ## 범례표시
              values = c("a-Baekdu" = "Black",
                  "b-Myohyang" = "#3D44FF",
                  "bb-Pyongyang" = "#006400",
                  "c-Seolak" = "Purple",
                  "d-Sobek" = "#B8E026",
                  "e-Coast" = "#1E90FF",
                  "f-Jeju" = "Yellow"),
              labels = expression(italic("a-Baekdu" = "Mt. Baekdu Area"), ## 범례 표시는 영문
                  italic("b-Myohyang" = "Mt. Myohyang Area"),
                  italic("bb-Pyongyang" = "Pyongyang Area"),
                  italic("c-Seolak" = "Mt. Seolak Area "),
                  italic("d-Sobek" = "Mt. Sobek Area"),
                  italic("e-Coast" = "Southern Coastal Area"),
                  italic("f-Jeju" = "Jeju Area")))+
  theme_bw()
dev.off()
```

② 종별 바이옴

식물종별 바이옴은 한반도 고유종 2종(구상나무, 노각나무), 아열대식물 2종(봉의 꼬리, 붉가시나무), 아한대식물 3종(속새, 잎갈나무, 자작나무)을 선택 대상으로 종별 바이옴을 분석하고자 한 것이다.

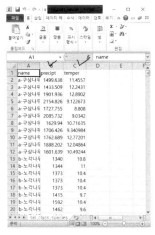

〈sel_class_species.csv〉

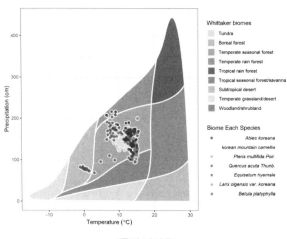

〈종별 바이옴〉
whittacker biome_species.tif

R 스크립트는 〈종별 바이옴 R.txt〉와 〈sel_class_species.csv〉를 이용하여 실행한다. 스크립트를 R에서 실행하면 그림 〈종별 바이옴〉 whittacker biome_species.tif 이미지 파일이 만들어진다.

〈종별 바이옴 R.txt〉

```
setwd("g:/r") ## 파일 및 결과 저장 위치
library(ggplot2)
library(devtools)
library(plotbiomes)
library(rJava)
library(RColorBrewer)
data <- read.csv("sel_class_species.csv") ## 분석 대상 파일
color7 <-rgb(4,130,0, max=255)
color6 <-rgb(20,130,0, max=255)
color5 <-rgb(40,130,0, max=255)
color4 <-rgb(43,130,0, max=255)
color3 <-rgb(184,224,38, max=255)
color2 <-rgb(61,68,255, max=255)
color1 <-rgb(255,160,120, max=255)
color  <-c(color1,color2,color3,color4,color5,color6,color7)
plot_1 <- ggplot() +
  # add biome polygons
  geom_polygon(data = Whittaker_biomes,
            aes(x   = temp_c,
                y   = precp_cm,
                fill = biome),
                # adjust polygon borders
                colour = "gray98",
                size  = 1,
                alpha=0.8) +
  theme_bw()
xlabel <- expression("Temperature" (degree*C))
plot_2 <- plot_1 +
  # fill the polygons with predefined colors
  scale_fill_manual(name   = "Whittaker biomes",
              breaks = names(Ricklefs_colors),
              labels = names(Ricklefs_colors),
              values = Ricklefs_colors)+
  ggplot2::scale_x_continuous(xlabel) +
  ggplot2::scale_y_continuous('Precipitation (cm)')

## whittacker biome_species.tif 이미지로 결과 저장
 tiff("whittacker biome_species.tiff", width=2000, height=1500, res= 260, type = "cairo")
plot_2 +
  geom_point(data = data,
            aes(x = temper,
                y = (precip*0.1)), ## 강수량 * 0.1
                shape = 21,
                stroke =1,
                colour ="gray95",
                size = 2.5)  +
  geom_point(data = data,
            aes(x = temper,
                y = (precipt*0.1),
                colour = as.factor(name)),
            size = 2,
            shape = 16,
            alpha = 0.6)+
  scale_color_manual(name= "Biome Each Species", ## 범례표시
            values = c("a-구상나무" = "blue",
                "b-노각나무" = "yellow",
                "c-봉의꼬리" = "green",
                "d-붉가시나무" = "#A52A2A",
                "e-속새" = "red",
                "f-이깔나무" = "DEEPSKYBLUE",
                "g-자작나무" = "DARKOLIVEGREEN"),
            labels = expression(italic("a-구상나무" = "Abies koreana"), ## 영문으로 표시
                italic("b-노각나무" = "korean mountain camellia"),
                italic("c-봉의꼬리" = "Pteris multifida Poir."),
                italic("d-붉가시나무" = "Quercus acuta Thunb."),
                italic("e-속새" = "Equisetum hyemale"),
                italic("f-이깔나무" = "Larix olgensis var. koreana"),
                italic("g-자작나무" = "Betula platyphylla")))+

  theme_bw()
dev.off()

#구상나무 Abies koreana
#노각나무 korean mountain camellia
#붉가시나무 Quercus acuta
#봉의꼬리 Pteris multifida
#속새 Equisetum hyemale
#이깔나무 Larix olgensis var. koreana
#자작나무 Betula platyphylla
```

③ 한반도 대표 식생대 바이옴

한반도 대표 생물지리적 식물구계 4개 지역(백두대간, 아한대, 고유종, 아열대식물)
에 대한 생물군계 분석 자료이다.

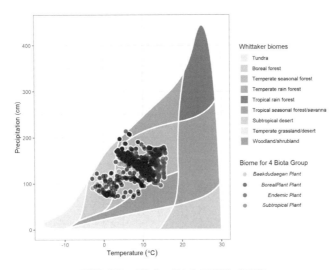

⟨6region_species4.csv⟩

⟨백두대간, 아한대, 아열대, 고유종 바이옴⟩
whittacker biome_4 biota.tif

R 스크립트는 '아한대아열대 고유종 등 바이옴 R.txt'와 'l6region_species4.csv'
를 이용하여 실행한다. 스크립트를 R에서 실행하면 그림 <백두대간, 아한대, 아열
대, 고유종 바이옴> 이미지 파일(whittacker biome_4 biota.tif)로 만들어진다.

```
setwd("g:/r") ## 파일 및 결과 저장 폴더
library(ggplot2)
library(devtools)
library(plotbiomes)
library(rJava)
library(RColorBrewer)
data <- read.csv("6region_species4.csv") ## 분석 대상 파일
color7 <-rgb(4,130,0, max=255)
color6 <-rgb(20,130,0, max=255)
color5 <-rgb(40,130,0, max=255)
color4 <-rgb(43,130,0, max=255)
color3 <-rgb(184,224,38, max=255)
color2 <-rgb(61,68,255, max=255)
color1 <-rgb(255,160,120, max=255)
color <-c(color1,color2,color3,color4,color5,color6,color7)

plot_1 <- ggplot() +
  # add biome polygons
  geom_polygon(data = Whittaker_biomes,
           aes(x   = temp_c,
               y   = precp_cm,
               fill = biome),
               # adjust polygon borders
               colour = "gray98",
               size  = 1,
               alpha=0.8) +
  theme_bw()
xlabel <- expression("Temperature" (degree*C))
plot_2 <- plot_1 +
  # fill the polygons with predefined colors
  scale_fill_manual(name   = "Whittaker biomes",
            breaks = names(Ricklefs_colors),
            labels = names(Ricklefs_colors),
            values = Ricklefs_colors)+
  ggplot2::scale_x_continuous(xlabel) +
  ggplot2::scale_y_continuous('Precipitation (cm)')
## whittacker biome_4 biota.tif로 결과 저장
tiff("whittacker biome_4 biota.tiff", width=2000, height=1500, res=260, type = "cairo")
plot_2 +
  geom_point(data = data,
          aes(x = temper,
              y = (precipt*0.1)), ## 강수량 * 0.1
              shape = 21,
              stroke =1,
              colour ="gray95",
              size =3.5)  +
  geom_point(data = data,
          aes(x = temper,
              y = (precipt*0.1),
              colour = as.factor(name)),
          size = 3,
          shape = 16,
          alpha = 0.6)+
  scale_color_manual(name= "Biome for 4 Biota Group ", ## 범례
          values = c("Baekdudaegan" = "green",
                "BorealPlant" = "black",
                "EndemicPlant" = "blue",
                "SubtropicalPlant" = "red"),
          labels = expression(italic("Baekdudaegan" = "Baekdudaegan Plant"), ## 영문표기
                italic("BorealPlant" = "BorealPlant Plant"),
                italic("EndemicPlant" = "Endemic Plant"),
                italic("SubtropicalPlant" = "Subtropical Plant")))+
  theme_bw()

dev.off()
```

## 제7장

생태기후도 제작

생태기후도는 기온과 같은 기상 현상의 분포에 영향을 미치는 고도, 대륙, 해수의 영향을 고려하여 기후도를 제작한 것이다. 기온자료를 이용하여 보간처리하는 방법은 지표 영향의 특징을 고려하지 않은 방법으로 생물, 생태, 지리, 농업 분야와 기후변화를 설명하기에는 한계가 있다. 대륙의 동안에 위치하고 산지의 비율이 높은 우리나라의 경우 지형고도의 지형성 강수와 기온에 미치는 영향이 크다. 생태기후는 온량지수, 한랭지수, 우기, 건기, 연평균, 생태기후 분석도 등을 실제 기상 현상에 근접하도록 계산하여 제작할 수 있기 때문에 지역적 단위와 산지에서의 생태, 식생대의 이동, 농작물 생육환경의 변화 예측에 도움이 될 수 있다.

1. 기상자료 공간 레이어 생성

기상자료는 기상청에서 제공하는 기상자료개방포털(https://data.kma.go.kr/cmmn/main.do)에서 다운받을 수 있다. 여기에서는 일평균 기온과 일평균 강수량을 다운받아 사용한다. 다운받은 결과의 파일 형식은 *.csv로 되어 있다. 이 장에서는 기상자료개방포털에서 다운받은 2000~2009년까지 10년 단위 관측소별 일평균 기온과 강수량 자료로 기상분석을 하기로 한다(2000-2009.csv).

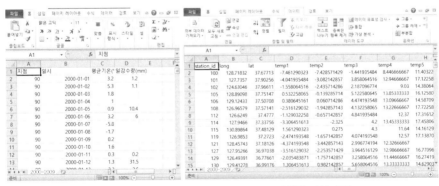

〈2000-2009.csv〉　　　　　　　　〈변환된 기상자료〉

〈st_point 관측소 정보〉

엑셀로 기상자료를 열어보면 세로 배열로 되어 있어 가로 배열로 바꾸어야 한다. 자료량이 방대하기 때문에 자동으로 변환해야 사용하기 좋다. 기상자료는 관측소 번호와 일시, 위치정보를 제공하여 기상자료 보간처리 시 필요한 정보이기 때문에 홈페이지에서 다운받아야 한다(st_point).

① 기상자료 변환

일별 자료를 다운받은 기상자료는 공간적 위치로 전환할 수 있도록 변환작업을 해야 한다. 변환은 엑셀의 스크립트로도 가능하지만 여기서는 perl(공개형 스크립트 언어)를 이용하여 변환작업을 한다. perl은 https://www.perl.org/에서도 다운받아 사용해도 되지만 간단한 기능만을 사용하기 때문에 실행파일(bin)과 라이브러리(lib) 일부 파일만을 사용한다.

제공하는 perl을 사용하려면 윈도우 시스템 → 고급시스템 설정 → 환경변수의 path에서 perl의 bin과 lib 위치를 설정해야 한다. 필자의 경우는 다음과 같이 설정했다.

D:\new_book\7chapt_bioclim\perl\bin

D:\new_book\7chapt_bioclim\perl\lib

기상자료 전환을 위한 perl 스크립트는 ex.pl에 있다. ex.pl의 실행은 같은 폴더 안에 *.csv, ex.pl, st_point.txt가 함께 있어야 한다.

```
ex - Windows 메모장
파일(F) 편집(E) 서식(O) 보기(V) 도움말
#! /usr/bin/perl

use Encode;
use Getopt::Long;
use vars qw($input_file $spot_file $prefix $help);

use strict;

(
        &Option();

        my($h_spot) = &Makehash_spot($spot_file);
        my($h_input) = &Makehash_input($input_file);
        my($h_mat, $h_ayt) = &Makehash_average_temperature($h_input);
        my($h_mah, $h_ayh) = &Makehash_average_humidity($h_input);
        my($h_mas, $h_ays) = &Makehash_average_solar($h_input);
        my($h_mar, $h_ayr) = &Makehash_average_rainfall($h_input);
        my($h_ci_wi) = &Makehash_ci_wi($h_mat);

#       &Output($h_spot, $h_mat, $h_ayt, $h_ci_wi);

#       &Output2($h_spot, $h_mat, $h_mar, $h_mah, $h_mas);
        &Output2($h_spot, $h_mat, $h_mar);
}

sub Output2{
        my($p_h_spot, $p_h_mat, $p_h_mar, $p_h_mah, $p_h_mas) = @_;

        my(@a_spot) = sort{$a cmp $b}(keys(%$p_h_mat));
        foreach my $spot (@a_spot){
                my(@a_year) = sort{$a <=> $b}(keys(%{$p_h_mat->{$spot}}));
                foreach my $year (@a_year){
```

〈ex.pl 스크립트〉

C › 새 볼륨 (K:) › new_book › 7chapt_bioclim › perl

이름	수정한 날짜
bin	2020-10-04 오전 10:16
lib	2020-10-04 오전 10:17
2000-2009	2020-04-07 오전 9:29
ex	2020-10-04 오전 10:22
st_point	2020-10-03 오전 11:01

〈같은 폴더 내 자료〉

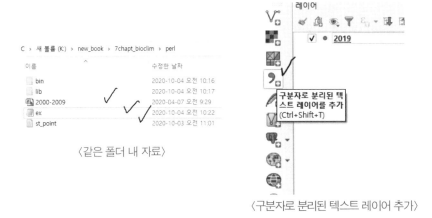

구분자로 분리된 텍스트 레이어를 추가
(Ctrl+Shift+T)

〈구분자로 분리된 텍스트 레이어 추가〉

perl ex.pl - input 2000-2009.csv - spot st_point.txt와 같이 실행하면 2000.txt ~ 2009.txt 파일이 생성된다. 이렇게 생성된 파일은 QGIS에서 구분자로 분리된 텍스트 레이어 추가로 레이어를 만들 수 있다. perl의 실행은 도스창을 열어 실행한다. 도스창 여는 방법은 탐색기로 해당 위치로 이동 → 마우스로 탐색기 클릭(블록처리됨) → cmd 입력하고 클릭하면 된다.

해당 폴더에서 perl ex.pl – input 2000-2009.csv –spot st_point.txt 실행하면 기상
자료가 변환된다.

② 점 레이어 제작

변환된 점자료는 '구분자로 분리된 텍스트(%)'를 클릭하여 만든다. 적용 시 그
림과 같이 x, y필드, 좌표계 WGS84로 지정하고 불러오면 된다.

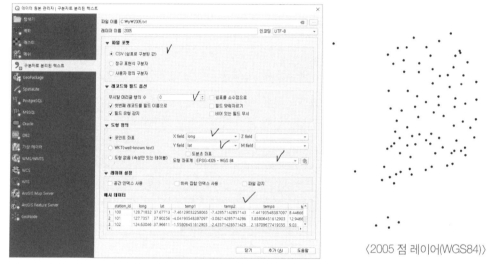

〈기상자료 불러오기〉　　　　　　　　　　　　　　〈2005 점 레이어(WGS84)〉

불러온 결과는 좌표계가 WGS84이기 때문에 분석을 위해 EPSG:5186으로 전환
해서 저장한다.

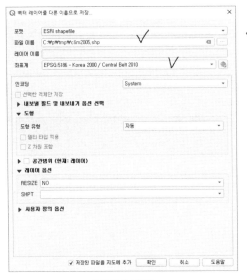

〈clim2005 결과(EPSG:5186)〉

〈레이어 저장〉

이와 같은 방법으로 연도별로 레이어를 생성한다. 속성을 열어보면 관측소 번호 (station_id), 경위도(long, lat) 기온필드는 temp1 ~ temp12, 강수필드는 precipt1 ~ precipt12로 구성되어 있다. 기온과 강수필드는 월별 보간처릿값으로 사용한다.

레이어로 만든 기상자료는 경우에 따라 비정상적인 값들이 저장된 경우도 있는데, 예를 들어 long, lat 값이 누락되었거나, 기온과 강수량이 정상값이 아닌 경우, 예를 들어 1월에 영상 26도가 있다든가 강수량의 경우 345mm이어야 하는데 34.5mm와 같은 경우도 있다.

2. 기상자료 보간

① 기온 보간

기온자료로 보간을 하면 관측소 측정값을 기준으로 평면으로 데이터 값들이 처리되기 때문에 실제 기상 현상을 충분히 반영하기 어렵다. 기온분포에 가장 큰 영향을 미치는 것은 고도이다.

고돗값을 갖는 DEM은 기온감률 계산에 적용한다. 기온감률은 계절별·월별·일별로 근소한 차이는 있지만 월별 감률을 적용하여 계산하기로 한다.

기온자료 보간 절차는 월별 1차 보간 → 월별 결과에 기온감률 적용 → 완성 순서로 진행한다. 월별 기온 감률은 Zimmermann(1997)이 제시한 DEM에 적용할 수 있는 m 단위 감률을 적용하기로 한다.

월	감률	월	감률
1	-0.001372375	7	-0.011746246
2	-0.004904560	8	-0.009068749
3	-0.006613473	9	-0.007748306
4	-0.009414292	10	-0.008362695
5	-0.010507549	11	-0.009098603
6	-0.011010525	12	-0.004494932

보간에 앞서 먼저 dem200을 불러온다.

〈dem200 + clim205〉

1차 보간:

월별 1차 보간은 검색창에서 interpolation을 검색해 실행한다. multilevel b-spline interpolation을 클릭하고

clim2005을 선택 → 보간 속성값을 1월(temp1)을 선택 → 범위는 레이어 범위 선택(dem200) → 해상도 dem200 기준인 200을 지정한다.

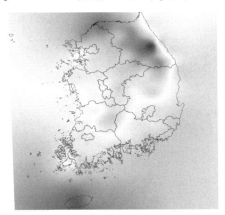

〈1차 보간 결과(1월)〉

2차 보간:

2차 보간은 고도(dem200) × -0.001372375(1월 감률) + 1차 보간 결과로 계산한다. 계산식은 래스터 계산기에서 "TARGET_OUT_GRID@1" + ("dem200@1" * -0.001372375) 입력하고 실행한다.

〈2차 보간 결과(1월)〉

〈 "TARGET_OUT_GRID@1" + ("dem200@1" * -0.001372375)〉

② 강수량 보간

강수량 보간은 기온보다는 단순하다. 보간은 기온과 같은 방법을 적용한다. clim2005년의 8월(precipt8)을 예를 들어 보간해 보기로 한다.

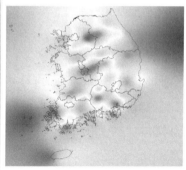

〈강수량 보간 결과〉

다음으로 육상 부분만 남기기 위해 래스터 계산기로 바다는 마스킹 처리한다. 래스터 계산기에서 마스킹 처리 수식은 ("dem200@1" * 0) + "TARGET_OUT_GRID@1"을 적용한다.

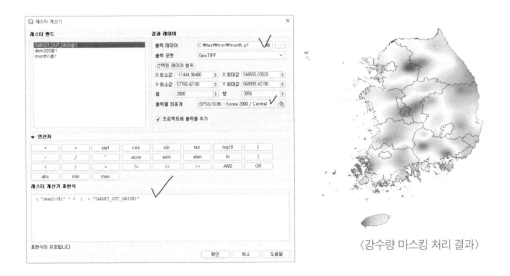

〈강수량 마스킹 처리 결과〉

3. 보간 배치처리

① 기온 배치처리

월마다 수십 년간 또는 일 년간을 계산하는 것은 반복적이고 시간이 걸리는 일이다. 일 년간 기온과 강수량을 계산한다고 하면 24번의 보간과 2차 처리 과정이 포함되어야 한다. 이러한 반복적인 계산을 처리할 수 있는 기능이 배치 처리 실행이다.

방법은 공간 처리 툴박스에서 실행명령어(Multilevel b-spline interpolation)에 오른쪽 마우스 클릭 → 배치 처리 실행을 클릭하여 단일 실행 시 처리와 같은 방법으로 입력한다.

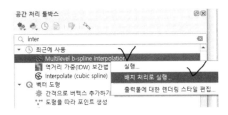

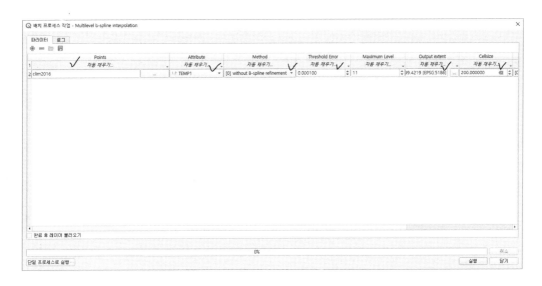

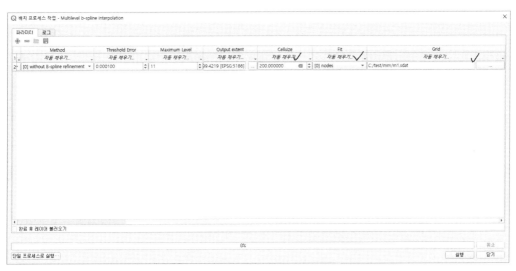

레이어 내 보간 처리 대상 필드(temp1, 2, 3, ~12, precipt1, 2, 3, ~ 12)가는 ⊕ 를
눌러 추가한다.

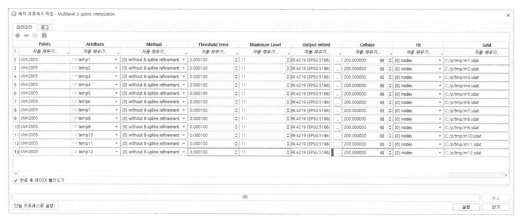

<12개월에 대한 기온처리 지정>
완료 후 레이어 불러오기는 메모리 문제로 체크를 끄는 것 추천함

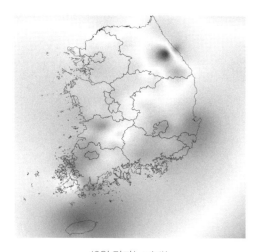

<8월 결과(*.sdat)>

기온감률 적용을 위해 래스터 계산기에서 오른쪽 마우스 클릭하여 월별로 처리한다. 반복 기능을 수행하기 위해 앞서 계산한 레이어들을 불러와야 한다.

	Expression	Reference layer(s) (used for automated extent, cellsize, and CRS)	Cell size (use 0 or empty to set it automatically)	Output extent	Output CRS	Output
	자동 채우기...	자동 채우기...		자동 채우기...	자동 채우기...	자동 채우기...
2	-0.001372375) + "m1@1"	dem200	200.000000	99.4219 [EPSG:5186]	EPSG:5186 - Kon ▾	C:/p/t_ext/m1.tif
3	-0.004904560) + "m2@1"	dem200	200.000000	99.4219 [EPSG:5186]	EPSG:5186 - Kon ▾	C:/p/t_ext/m2.tif
4	-0.006613473) + "m3@1"	dem200	200.000000	99.4219 [EPSG:5186]	EPSG:5186 - Kon ▾	C:/p/t_ext/m3.tif
5	-0.009414292) + "m4@1"	dem200	200.000000	99.4219 [EPSG:5186]	EPSG:5186 - Kon ▾	C:/p/t_ext/m4.tif
6	-0.011010525) + "m5@1"	dem200	200.000000	99.4219 [EPSG:5186]	EPSG:5186 - Kon ▾	C:/p/t_ext/m5.tif
7	-0.011010525) + "m6@1"	dem200	200.000000	99.4219 [EPSG:5186]	EPSG:5186 - Kon ▾	C:/p/t_ext/m6.tif
8	-0.011746246) + "m7@1"	dem200	200.000000	99.4219 [EPSG:5186]	EPSG:5186 - Kon ▾	C:/p/t_ext/m7.tif
9	-0.009068749) + "m8@1"	dem200	200.000000	99.4219 [EPSG:5186]	EPSG:5186 - Kon ▾	C:/p/t_ext/m 8.tif
10	-0.007748306) + "m9@1"	dem200	200.000000	99.4219 [EPSG:5186]	EPSG:5186 - Kon ▾	C:/p/t_ext/m9.tif
11	0.008362695) + "m10@1"	dem200	200.000000	99.4219 [EPSG:5186]	EPSG:5186 - Kon ▾	C:/p/t_ext/m10.tif
12	0.009098603) + "m11@1"	dem200	200.000000	99.4219 [EPSG:5186]	EPSG:5186 - Kon ▾	C:/p/t_ext/m11.tif
13	0.004494932) + "m12@1"	dem200	200.000000	99.4219 [EPSG:5186]	EPSG:5186 - Kon ▾	C:/p/t_ext/m12.tif

완료 후 레이어 불러오기는 메모리 문제로 체크를 끄는 것 추천함

Expression에서는 감률식을 적용하는데 월별 적용은 다음과 같이 입력한다. Output extent는 레이어 선택으로 dem200을 선택하고 좌표계 5186을 선택한다. 마지막으로 결과물은 경로와 파일명 확장자 tif를 입력한다. c:\test\mm\m1,m,2,,,,m12.tif와 같이 월별 결과를 저장한다. 아래 수식의 예에서 ("dem200@1" * -0.001372375) +"m1@1"의 "m1@1"은 앞서 계산하여 불러온 m1.sdat, m2.sdat, ,,,, m12.sdat이다.

("dem200@1" * -0.001372375) + "m1@1"
("dem200@1" * -0.004904560) + "m2@1"
("dem200@1" * -0.006613473) + "m3@1"
("dem200@1" * -0.009414292) + "m4@1"
("dem200@1" * -0.011010525) + "m5@1"
("dem200@1" * -0.011010525) + "m6@1"
("dem200@1" * -0.011746246) + "m7@1"
("dem200@1" * -0.009068749) + "m8@1"
("dem200@1" * -0.007748306) + "m9@1"
("dem200@1" * -0.008362695) + "m10@1"
("dem200@1" * -0.009098603) + "m11@1"
("dem200@1" * -0.004494932) + "m12@1"

〈12개월 감률계산 결과(8월 예)〉

② 강수량 배치처리

공간 처리 툴박스에서 실행명령어(Multilevel b-spline interpolation)에 오른쪽 마우스 클릭 → 기온 배치처리에서 temp1,2,3,,,temp12를 precipt1,2,3,,, precipt12로 변경하고 c:/p/tmp/m1.sdat,m2.sdat,,,,m12.sdat에서 c:/p/tmp/p1,2,3,,, p12로 변경하여 실행한다.

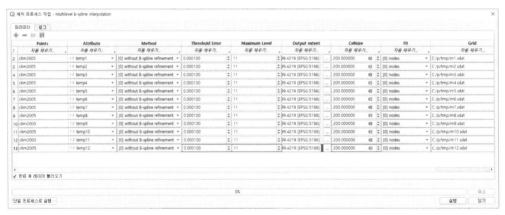

완료 후 레이어 불러오기는 메모리 문제로 체크를 끄는 것 추천함

불러온 결과는 다음과 같다.

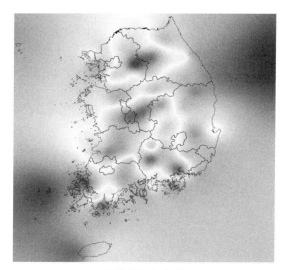

〈8월 강수량 결과〉

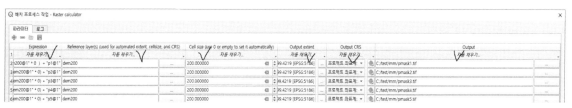

〈강수량 마스킹 배치처리〉

```
( "dem200@1" * 0) + "p1@1"
( "dem200@1" * 0) + "p2@1"
( "dem200@1" * 0) + "p3@1"
( "dem200@1" * 0) + "p4@1"
( "dem200@1" * 0) + "p5@1"
( "dem200@1" * 0) + "p6@1"
( "dem200@1" * 0) + "p7@1"
( "dem200@1" * 0) + "p8@1"
( "dem200@1" * 0) + "p9@1"
( "dem200@1" * 0) + "p10@1"
( "dem200@1" * 0) + "p11@1"
( "dem200@1" * 0) + "p12@1"
```

〈강수량 마스킹 수식〉

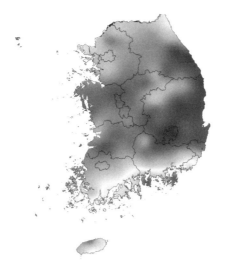

〈8월 강수량 마스킹 결과〉

4. 생태기후도 제작

월별 기온과 강수량 분포도를 제작했기 때문에 온량지수, 냉량지수, 대륙도, 동절기, 하계 등 평균기온을 계산할 수 있다.

① 기후분포 분석

월별 평균 기온과 강수량이 계산되었으면 12개월을 합산하여 12로 나누면 평균이 된다. 평균기온 계산은 래스터 계산기를 이용하여

("m1@1" + "m2@1" + "m3@1" + "m4@1" + "m5@1" + "m6@1" + "m7@1" + "m 8@1" + "m9@1" + "m10@1" + "m11@1" + "m12@1") / 12를 실행하면 연평균기온이 계산된다.

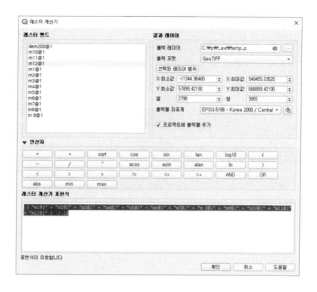

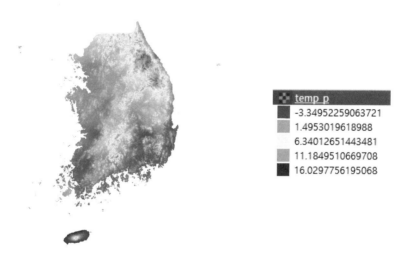

temp_p
- -3.34952259063721
- 1.4953019618988
- 6.34012651443481
- 11.1849510669708
- 16.0297756195068

평균 강수량 계산은 래스터 계산기를 이용하여

("p1@1" + "p2@1" + "p3@1" + "p4@1" + "p5@1" + "p6@1" + "p7@1" + "p8@1" + "p9@1" + "p10@1" + "p11@1" + "p12@1") / 12 하여 실행하면 계산된다.

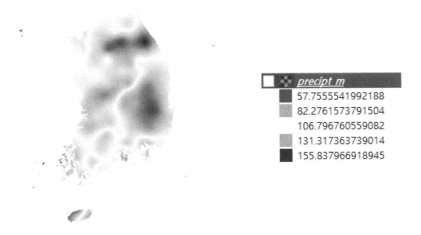

	precipt_m
	57.7555541992188
	82.2761573791504
	106.796760559082
	131.317363739014
	155.837966918945

온량지수는 식생과 식물의 분포를 파악하는 데 기본적인 온도 지표이다. 식물의 생장은 5℃ 이상 유지되어야 하는데, 월평균 기온 5℃ 이상인 달을 1년 동안 합한 값을 온량지수라고 한다.

온량지수 계산은 온량지수＝Σ(t-5), (단, t는 5℃ 이상인 달의 기온)

온량지수의 값에 따르면 우리나라는 난대림(110 이상), 온대림(110~55), 냉대림 (55 미만)으로 구분된다. 온량지수에 의한 기후 구분은 개마고원 기후구(55 이하), 북부 기후구(55~85), 중부 기후구(85~100), 남부 기후구(100 이상)로 구분한다.

래스터 계산기에서 ("m1@1" >= 5) * ("m1@1" - 5) + ("m2@1" >= 5) *

("m2@1" - 5) + ("m3@1" >= 5) * ("m3@1" - 5) + ("m4@1" >= 5) *
("m4@1" - 5) + ("m5@1" >= 5) * ("m5@1" - 5) + ("m6@1" >= 5) *
("m6@1" - 5) + ("m7@1" >= 5) * ("m7@1" - 5) + ("m 8@1" >= 5) *
("m 8@1" - 5) + ("m9@1" >= 5) * ("m9@1" - 5) + ("m10@1" >= 5) *
("m10@1" - 5) + ("m11@1" >= 5) * ("m11@1" - 5) + ("m12@1" >= 5) *
("m12@1" - 5)을 적용하여 계산한다.

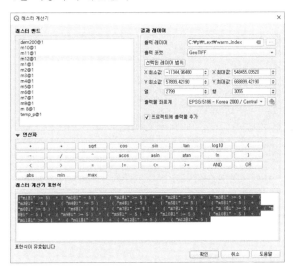

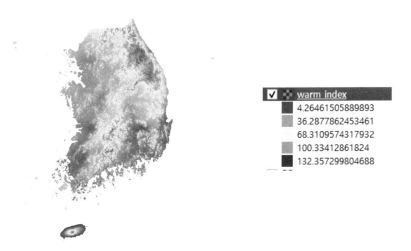

한랭지수는 식물생장에 한계 온도로 t(℃)가 t < 5인 월의 수이다. 한랭지수 계산
은 -Σ(t-5)(단, t는 5℃이하인 달의 기온)으로 음의 값을 갖는다. 한랭지수가 -10인 경

우 난대림과 온대림의 경계에 일치한다.

래스터 계산기를 이용한 수식은 ("m1@1" <= 5) * "m1@1" + ("m2@1" <= 5) * "m2@1" + ("m3@1" <= 5) * "m3@1" + ("m4@1" <= 5) * "m4@1" + ("m5@1" <= 5) * "m5@1" + ("m6@1" <= 5) * "m6@1" + ("m7@1" <= 5) * "m7@1" + ("m 8@1" <= 5) * "m 8@1" + ("m9@1" <= 5) * "m9@1" + ("m10@1" <= 5) * "m10@1" + ("m11@1" <= 5) * "m11@1" + ("m12@1" <= 5) * "m12@1"이다.

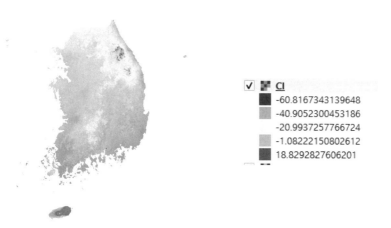

최한월 최저 평균기온과 최난월 최대 평균기온 계산은 r.neighbors을 이용하여 계산한다. 최한월 최저 평균기온 r.neighbors의 이웃 작업에서 minimum을 선택하여 계산하고, 최난월 최대 평균기온 계산은 maximum으로 계산한다.

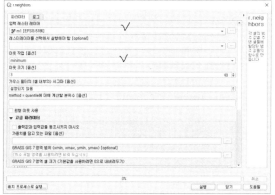

〈최한월 최저 평균기온 계산〉　　　　　　〈최난월 최대 평균기온 계산〉

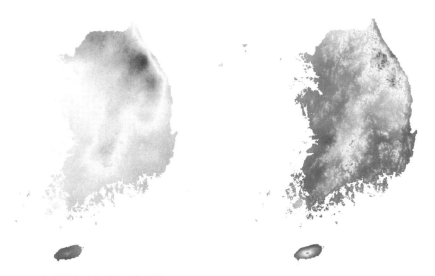

〈최한월 최저 평균기온 분포도〉　　　　〈최난월 최대 평균기온 분포도〉

　　연교차는 최난월 최대 평균기온과 최한월 최저 평균기온 차이를 뺀 것으로 래스터 계산기를 이용하여 계산한다. 여기서 최한월 평균기온은 절댓값(ABS)으로 빼야 한다.

〈연평균기온 계산〉　　　　　　　　　　　　　　〈연평균기온 분포도〉

② 생태기후(bioclim) 분석

　　생태기후 자료는 종분포예측과 확산, 기후변화와 생태계 변화 등에 자주 사용되는 bio01, bio02~bio19 변수이다. 이에 대한 자료는 Worldclim에서 전 세계 대상의 생태기후 자료와 기후변화 시나리오 자료를 다운받아 활용하고 있다. 그러나 Worldclim 자료(bio1~bio19)는 저해상도로 실측자료와는 차이가 있으며 국토 범위가 좁고 강수의 지역적 특성이 강한 우리나라에 적용하기에는 적합하지 않을 수 있다.

BIO1 = Annual Mean Temperature
BIO2 = Mean Diurnal Range (Mean of monthly (max temp - min temp))
BIO3 = Isothermality (BIO2/BIO7) (×100)
BIO4 = Temperature Seasonality (standard deviation ×100)
BIO5 = Max Temperature of Warmest Month
BIO6 = Min Temperature of Coldest Month
BIO7 = Temperature Annual Range (BIO5-BIO6)
BIO8 = Mean Temperature of Wettest Quarter
BIO9 = Mean Temperature of Driest Quarter
BIO10 = Mean Temperature of Warmest Quarter
BIO11 = Mean Temperature of Coldest Quarter
BIO12 = Annual Precipitation
BIO13 = Precipitation of Wettest Month
BIO14 = Precipitation of Driest Month
BIO15 = Precipitation Seasonality (Coefficient of Variation)
BIO16 = Precipitation of Wettest Quarter
BIO17 = Precipitation of Driest Quarter
BIO18 = Precipitation of Warmest Quarter
BIO19 = Precipitation of Coldest Quarter

〈변수별 의미〉

이 장에서 관측소 자료를 이용한 (1) 월별 평균기온(m1 ~ m12)과 (2) 월평균 강수량(p1 ~ p12) 분포도가 있으면 bio01, bio02 ~ bio19 분석과 제작이 가능하다. 여기에 추가로 필요한 자료로 (3) 월별 평균최고 기온과 (4) 평균 최저기온 자료를 만들어 사용해야 한다. 이 자료는 월별 평균기온을 이용하여 r.neighbors를 이용함으로써 최고 maximum, 최저 minimum을 선택하여 월별로 계산한다.

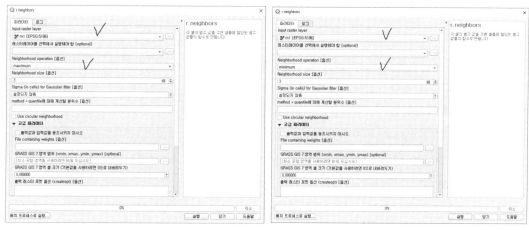

〈월별 최고기온 계산 방법〉　　　　　　〈월별 최저기온 계산 방법〉

(1) ~ (4)까지 자료가 준비되면 QGIS에서 모두 불러온다. 불러온 레이어는 12개 개월치 4종류이므로 48개가 된다.

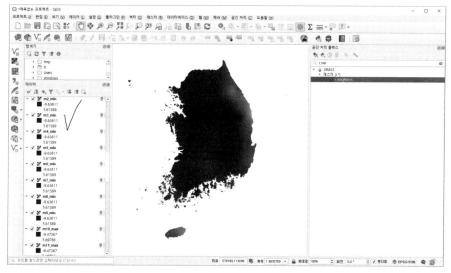

〈48개 생태기후 분석용 레이어〉

생태기후 분석 기능은 검색창에서 bio를 치면 SAGA → climate tools → bioclimatic variables를 클릭하여 실행한다. 변수의 투입은 그림과 같이 해당 항목, 이를테면 mean temperature(월평균기온 12개월 변수)를 선택하면 된다. 여기서는 연습을 위해 1년치를 적용해 보기로 한다.

그런데 bio1 ~ bio19 생태기후도를 제작하기 위해서 다음을 고려해야 한다. 실제 생태기후도 제작은 특정 연도의 월평균 기온과 강수량을 이용하는 것이 아니고 이 장의 2, 3절에 따라 10~50년간, 즉 수십 년간의 기상관측 자료를 월별로 계산한 후, 월별 평균값으로 투입하여 생태기후도를 만들어야 한다. 예를 들어 1980~2020년까지 40년간의 생태기후도 제작을 한다면 1월 평균기온은 50년간의 합 / 50 으로 계산하여 12개월을 제작한다.

생태기후도 제작 월별 자료 계산 방법

월별 기온		월별 강수량	
1월	1980.1 ~ (+) ~ 2020.1 / 50	1월	1980.1 ~ (+) ~ 2020.1 / 50
2월	1980.2 ~ (+) ~ 2020.2 / 50	2월	1980.2 ~ (+) ~ 2020.2 / 50
~	~	~	~
11월	1980.12 ~ (+) ~ 2020.11 / 50	11월	1980.12 ~ (+) ~ 2020.11 / 50
12월	1980.12 ~ (+) ~ 2020.12 / 50	12월	1980.12 ~ (+) ~ 2020.12 / 50

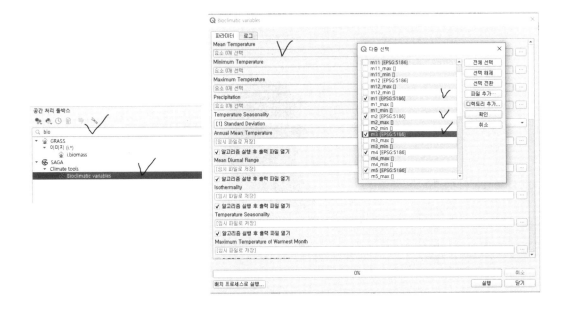

항목별 변수들을 12개씩 선택되어야 하고, 실행을 클릭하면 bio1~bio19까지 생태기후 분석 자료가 만들어진다.

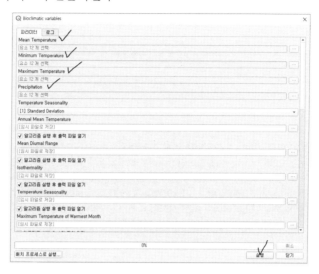

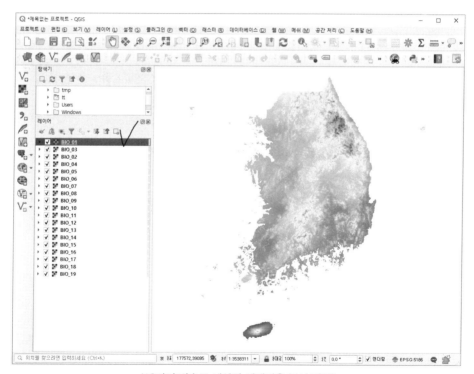

〈19가지 변수로 생성된 생태기후 분석 결과〉

## 제8장

종분포모델

종분포모델은 공간적 위치가 확인된 종들을 대상으로 분포 범위를 예측하는 모델이다. 종분포 예측은 단일종을 대상으로 단일 모델을 적용하는 개별 종분포모델(SDM: species distribution model), 단일종을 대상으로 분포지역 정확도를 높이기 위해 여러 모델을 적용하는 앙상블 모델(ESDM: ensemble SDM), 여러 종들의 군집분포를 예측하는 다종분포모델(SSDM: stacked SDM)까지 개발되었다. 종분포모델은 생태기후와 기후변화 시나리오를 이용하여 기후변화에 따른 생물종(토착종, 외래종)의 이동과 감소, 멸종을 예측하기도 하고, 다종분포모델은 종다양성과 서식지 적합성 분석까지 활용 범위가 확대되고 있다.

1. 주성분(PCA) 분석

분석에 사용되는 종 레이어, 환경변수(bio)는 좌표계가 WGS84(경위도 좌표계로 전환)이어야 한다. 한국의 표준격자 좌표계 GRS80(5186)은 R의 여러 분석 과정에서 오류가 발생할 수 있으니 WGS84로 추천한다.

주성분 분석은 종분포모델 분석 시 기여도가 낮은 변수를 제거하고 설명력이 높은 변수를 선택하기 위해 실시한다.

분석을 수행하기 앞서 분석 대상 종 레이어(abies.shp)와 환경변수(bio1 – bio19, DEM)를 불러와 Point Sampling Tool을 수행하여 변숫값을 추출한다. 이때 저장 형식은 csv로 지정하고 저장한다.

〈Point Sampling Tool.csv〉

〈저장 결과〉

저장된 결과는 엑셀로 불러와 종명(species) 컬럼은 삭제하고 변수들만 csv로 저장한다(구상나무_pca.csv).

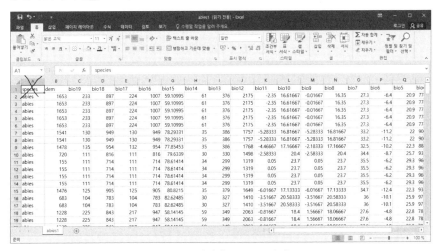

〈species 삭제하고 csv로 저장〉

주성분 분석은 R 스크립트(pca_r.txt)를 이용하여 분석한다.

```
pca_data <- read.csv("c:/sdm/구상나무_pca.csv")
pca <- prcomp(pca_data)
pca
pca_p <- prcomp(pca_data, scale = T)
summary(pca_p)
screeplot(pca_p, type = "l")
```

분석 결과는 누적기여율(cumulative proportion) 99%는 PC3 성분까지 가능하지만 100% PC10 성분까지 선택하기로 한다. 선택 결과 중복을 제외하고 bio 변수는 3, 12, 13, 16, 17, 19가 선택되었고, 고도는 DEM 변수가 선택되었다(구상나무 주성분 분석결과.xlsx). 종분포모델링에서는 주성분으로 선택된 변수를 사용하면 된다.

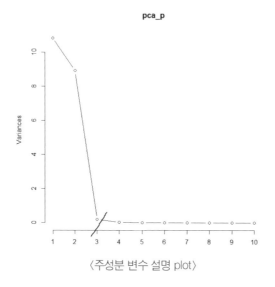

〈주성분 변수 설명 plot〉

2. 개별 종분포모델(SDM)

주성분 분석으로 변수가 결정되면, 단일종 분포는 maxent 모델을 적용하여 종 분포 예측과 변화를 분석한다. maxent 모델 적용은 dismo 라이브러리를 적용하는 데 maxent의 기능과 연동되어 작동한다. 따라서 maxent.jar java 폴더에 복사해 넣어야 된다(https://biodiversityinformatics.amnh.org/open_source/maxent/). dismo의 저장 위치는 윈도우 시스템에 따라 저장 위치가 다르기 때문에 확인하고 maxent.jar를 복사해 넣으면 된다.

(C:\Users\home\Documents\R\win-library\4.0\dismo\java 또는 C:\ProgramFiles\R\R-4.0.2\library\dismo\java에 위치함)

① 구상나무 분포 예측

구상나무는 한국의 고유종으로 고사 위기에 처한 식물이다. 구상나무 분포와 변화 예측을 위해 구상나무 레이어를 불러와 경위도 좌표를 입력해야 한다. 좌표 입력은 속성 정보를 불러와 필드 계산기를 열고 새 필드 생성 체크 → 필드 이름(long) → 출력필드 유형(십진수, 정확도 6) 지정 → 도형 → $x를 클릭하고 확인을 누르면 경도가 만들어진다. 위도는 같은 방법으로 lat 필드를 입력하고 $y를 클릭하면 도 단위의 경위도 좌표 필드가 만들어진다.

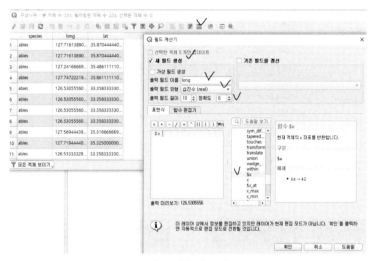

〈경위도 좌표 필드 생성〉

〈경위도 입력 결과〉

경위도 필드가 생성되면 내보내기 → 객체를 다른 이름으로 저장하기를 클릭하여 포맷을 CSV로 변경하고 저장한다. 저장된 결과는 엑셀로 불러와 종명이 있는 필드를 삭제하고 csv로 저장한다.

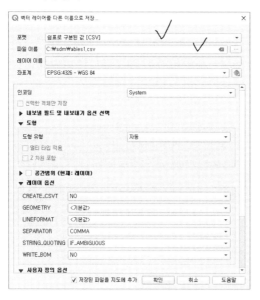

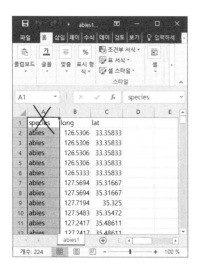 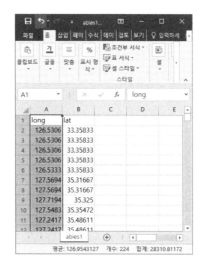

이제부터는 R 스크립트로 분포를 예측한다(single_sdm_r.txt). 예측 결과는 geotiff로 저장되며 QGIS에서 불러와 좌표 변형으로 표준좌표(5186)로 변환하여 재분석용으로 사용하면 된다.

```
library(SSDM)
library(raster)
library(dismo)
library(rJava)
library(dplyr)
library(rgdal)
library(psych)

#주성분분석시작
pca_data <- read.csv("c:/sdm/구상나무_pca.csv")
pca <- prcomp(pca_data)
pca
pca_p <- prcomp(pca_data, scale = T)
summary(pca_p)
screeplot(pca_p, type = "l")

#주성분분석끝
# 3 4 12 13 16 17 19 dem 변수 선택

setwd("c:/sdm")
abies <- read.csv('c:/sdm/abies.csv')
abies <- abies %>% na.omit() %>% distinct()
fold <- kfold(abies, k=5)
abiestmp <- abies[fold == 1, ] #테스트
abies_sd_Train <- abies[fold != 1, ] #학습
present = "c:/sdm/biop"  #현재 환경 파일 위치 지정
future = "c:/sdm/biof"   #미래 환경 파일 위치 지정
present_e <-list.files(present, pattern=".tif$", full.names=TRUE) # 파일 리스트
future_e <-list.files(future, pattern=".tif$", full.names=TRUE) # 파일 리스트
stackp = stack(present_e) #현재 기후 raster stacking
stackf = stack(future_e) #미래 기후 raster stacking


# 주성분 변수 외 제거
stackp_dr = dropLayer(stackp, c("bio1", "bio2", "bio5", "bio6", "bio7", "bio8",
                 "bio9", "bio10", "bio11", "bio14", "bio15", "bio18"))
stackf_dr = dropLayer(stackf, c("bio1", "bio2", "bio5", "bio6", "bio7", "bio8",
                 "bio9", "bio10", "bio11", "bio14", "bio15", "bio18"))

# 현재 분포 예측
sd.model <- maxent(stackp_dr, abies_sd_Train)
plot(sd.model)
response(sd.model)
p.habitat <- predict(sd.model, stackp_dr)
plot(p.habitat)

writeRaster(p.habitat, filename = "present.tif", format="GTiff") # 현재 예측지도 저장

bpoint <- randomPoints(stackp_dr, 1000)
eol <- evaluate(sd.model, p=abiestmp, a=bpoint, x=stackp_dr)
plot(eol, 'ROC')
#미래예측
future_rpc <- predict(sd.model, stackf_dr)
plot(future_rpc)
writeRaster(future_rpc, filename = "future.tif", format="GTiff") #미래 예측지도 저장
```

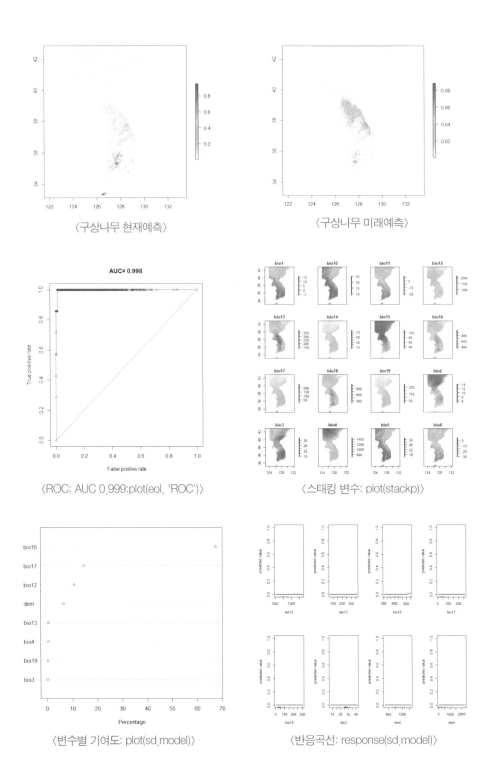

〈구상나무 현재예측〉

〈구상나무 미래예측〉

〈ROC: AUC 0.999:plot(eol, 'ROC')〉

〈스태킹 변수: plot(stackp)〉

〈변수별 기여도: plot(sd.model)〉

〈반응곡선: response(sd.model)〉

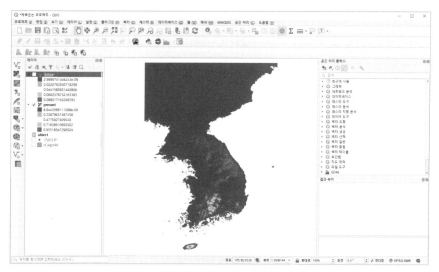

〈현재의 분포 예측: QGIS〉

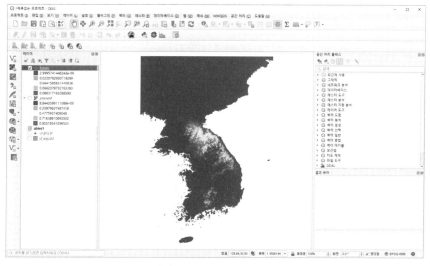

〈미래의 분포변화 예측: QGIS〉

② 외래종 분포 예측

외래종은 한국 생태계에 위해가 될 수 있는 종으로 나래가막사리[Verbesina alternifolia(L.) Britton ex Kearney], 단풍잎돼지풀(Ambrosia trifida), 가시박(Sicyos angulatus), 미국자리공(Phytolacca americana), 환삼덩굴(Humulus japonicus Siebold & Zucc.) 5종을 대상으로 전체를 1개의 외래종으로 가정하여 분포 예측을 하고자 한

다(single_sdm_r_외래종.txt).

외래종 자료는 QGIS 플러그인 GBIF Occurrences를 인스톨하여 검색하여 받았
다(invasion.shp).

먼저 외래종 전체에 대한 환경변인 주성분을 실시하여 누적 설명력이 99%를 갖
는 PC7 성분까지 dem, bio4, bio12, bio13, bio18, bio19의 변수를 선택했다. 앞서
제시한 R 스크립트는 외래종으로 수정하여 분석했다.

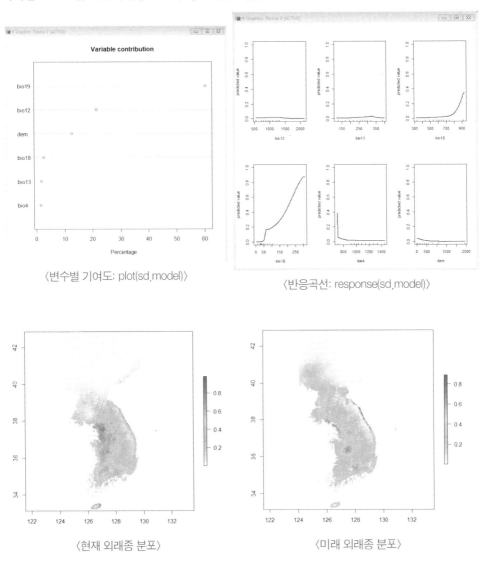

〈변수별 기여도: plot(sd.model)〉

〈반응곡선: response(sd.model)〉

〈현재 외래종 분포〉

〈미래 외래종 분포〉

3. 다종분포모델(SSDM)

이 절에서는 사용자 편의를 위해 다종분포 예측(SSDM) 라이브러리에서 제공하는 gui(graphic user interface)를 사용한다. 다종분포 예측(SSDM)은 개별 종분포모델(SDM), 앙상블 종분포모델(ESDM), 다종분포 예측모델(SSDM) 3가지가 가능하다. 다종분포 예측(SSDM) 적용 r 라이브러리는 library(SSDM), library(raster)를 사용한다. SSDM 분석은 앞의 단일종 예측에서 경위도만 사용한 것과 달리 종필드(species)가 존재해야 한다.

① 남방계 식물 앙상블 종분포모델(ESDM)

앙상블 종분포모델은 단일종에 대한 개별 모델 적용의 분포예측도를 높이기 위해 다모델을 적용할 수 있도록 개발된 모델이다. 종 레이어 필드 구성은 필드명(species), 경도(long), 위도(lat)가 필요하다. 필드명의 종들은 다종 예측을 위해 여러 종을 선택하여 적용한다. 여기서 대상 종은 아열대, 흔히 남방계 식물(korea-japan flora)이라 부르는 나도밤나무(Meliosma myriantha S. et), 봉의꼬리(Pteris multifida Poir.), 붉가시나무(Quercus acuta), 참식나무(Neolitsea sericea)를 레이어로 만들었다(s_korea). 분석을 위해 레이어 속성은 southern.csv로 저장한다.

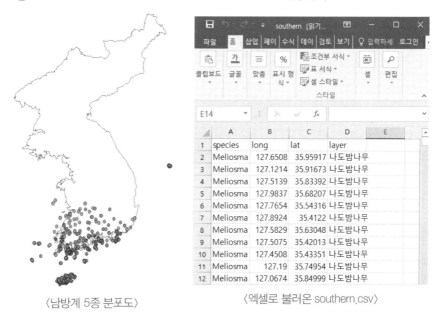

〈남방계 5종 분포도〉　　　　　〈엑셀로 불러온 southern.csv〉

설명력이 높은 환경변인을 결정하기 위해 southern.shp와 환경변수(bio1 - bio19, dem)을 불러와 Point Sampling Tool을 수행하여 변숫값을 추출한다. 이때 저장 형식은 csv로 지정하고 저장한다. 그런데 종의 위치정보가 환경변수의 변수를 벗어나게 되면 ",,,,,,,,,,,,"과 함께 저장되는데 편집기를 열어 삭제하고 줄을 올려 저장해야 한다.

다음으로 r을 이용해 주성분 분석을 실시한다. 주성분 분석 결과 99% 설명력을 갖는 변수는 dem, bio12, bio18로 결정되었다.

다음으로 r에서 앙상블 모델의 적용은 다음과 같이 gui( )를 입력하고 실행하면 된다.

```
if (!requireNamespace("SSDM", quietly = TRUE))
 install.packages("SSDM")
library(SSDM)
if (!requireNamespace("raster", quietly = TRUE))
install.packages("raster")
setwd("c:/sdm/biop") # 환경변인자료 폴더 지정
gui( ) # 사용자 편의 인터페이스 실행
```

〈gui( ) 실행 결과: 크롬 추천〉

새로운 창에서 시작은 New data를 클릭하여 시작한다. 다음으로 Load를 클릭하면 환경변인별로 볼 수 있다. 다음으로 occurrence selection을 클릭 → southern.csv 선택한다.

〈불러오기〉

〈환경변인 선택〉

〈결과 보기〉

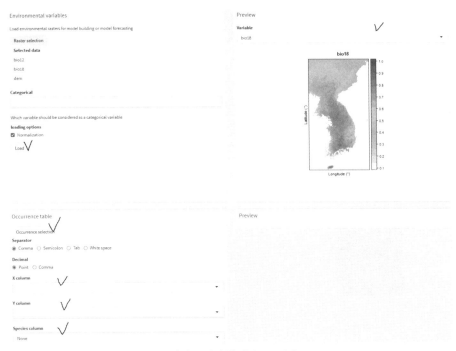

〈변인 보기와 종정보 csv 선택〉

X column 경도필드 long, Y column 위도 필드 lat 선택하고 Species column은 species를 선택하고 Load를 클릭하면 자료가 나타난다.

〈southern.csv의 선택 항목〉

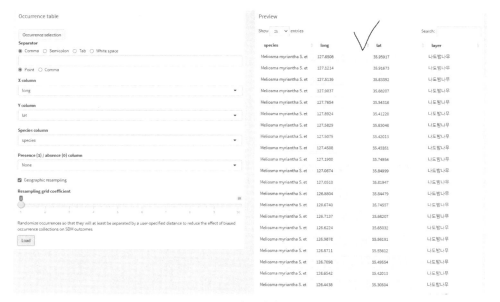

〈불러온 결과〉

다음으로 Modelling → Modelling type → 개별 종분포모델(Algorithm modelling), 앙상블 종분포모델(Ensemble modelling), 다종분포 예측모델(Stack modelling)을 선택하여 분포 모델링을 할 수 있게 된다.

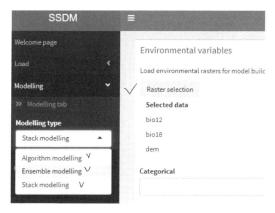

여기서 Ensemble modelling을 선택하고 나면 Modelling tab을 클릭하여 실행한다.

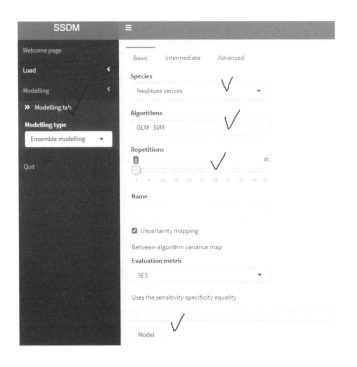

앙상블은 species 종 선택 Neolitsea sericea(참식나무) → 모델 알고리즘 GLM SVM 선택 → Repetitions 1(많을수록 계산이 느려지지만 정확도는 높아짐) → Model을 클릭하면 실행된다.

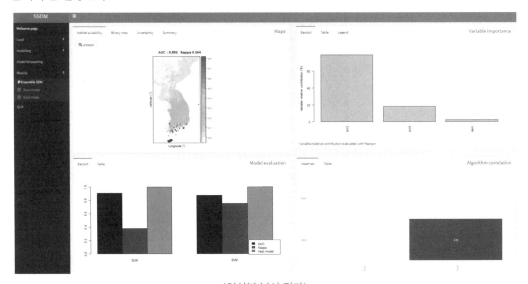

〈앙상블 분석 결과〉

Save maps를 클릭하여 예측분포도를 저장하면 WGS84로 저장된다. Save maps → Folder selection 클릭(저장 폴더 지정) → 마지막으로 save를 클릭하면 Specie.Ensemble.SDM_projection.tif로 저장된다.

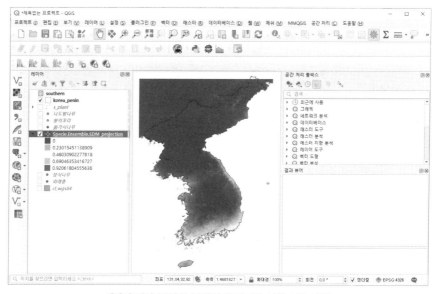

〈QGIS에서 불러온 현재의 참식나무 분포 예측지도〉

이번에는 미래 환경변인을 이용하여 참식나무의 미래 분포를 예측해 본다. 우선 quit 기능 실행 후 크롬을 끈다(이 부분이 약간 불안정함. 경우에 따라서는 r도 기능이 멈추는 경우가 있는데 강제 종료 후 재실행하면 됨. Ctrl + Alt, Del 키 누르고 작업 관리

자에서 강제 종료). 다시 gui( )를 실행하기 앞서 미래 환경변인이 들어 있는 setwd("c:/sdm/biof")를 지정하고 gui( )를 실행한다. 이번 과정은 환경변인 선택만 다르고 나머지는 앙상블 과정과 동일하게 진행하면 된다.

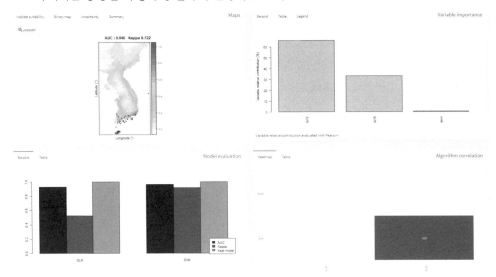

〈미래 앙상블 분석 결과〉

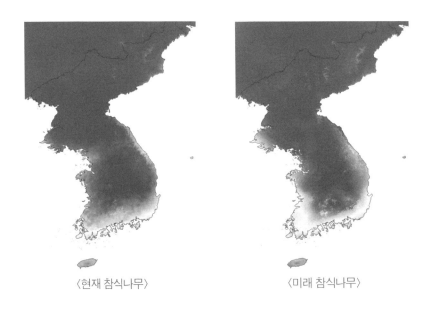

〈현재 참식나무〉　　　　　　　　〈미래 참식나무〉

② 남북방계 식물 다종분포모델(SSDM)

지금까지는 개별 종에 대한 개별 모델 적용 또는 개별 종에 대한 복수 모델을 적용한 분포지역 예측 및 변화에 대한 모델링이었다. 다종분포 예측모델(SSDM)은 종들에 대한 군집분포 예측이 가능하도록 설계되었으며, 결과는 서식지 적합 분석, 생물다양성 분석도 할 수 있다.

r의 gui( )를 적용하는 과정은 동일하고 4개 종[나도밤나무(Meliosma myriantha S. et), 봉의꼬리(Pteris multifida Poir.), 붉가시나무(Quercus acuta), 참식나무(Neolitsea sericea)]이 포함된 southern.csv를 선택하고 Stack modelling 모델을 적용하여 실행하면 된다. SSDM 결과는 군집단위 분포 예측뿐만 아니라 앙상블로 처리된 개별 종들에 대한 분포예측도도 산출된다.

Stack modelling 선택하고 Modelling tab에서 그림과 같이 모델들을 선택하고 model을 클릭하여 실행하면 된다.

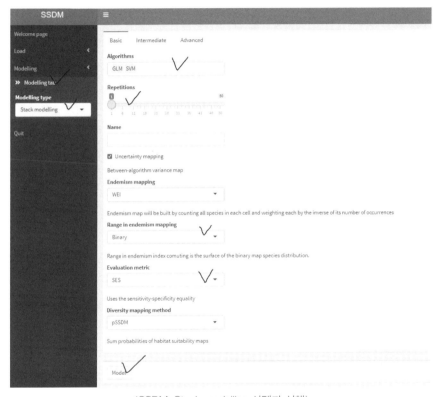

〈SSDM: Stack modelling 선택과 실행〉

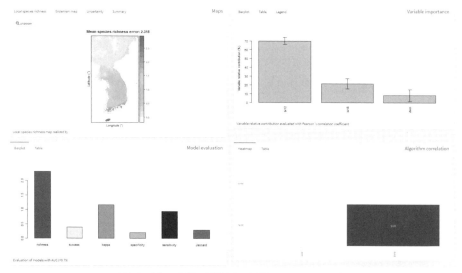

〈현재 기후 4개 종 다종분포 및 종풍부도 분석 결과〉

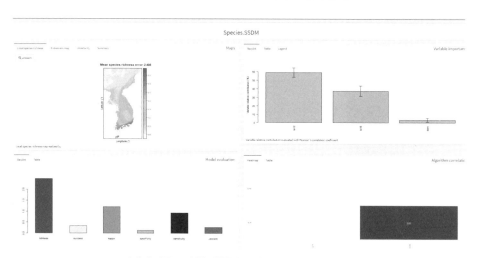

〈미래 기후 4개 종 다종분포 및 종풍부도 분석 결과〉

　북방계 식물의 다종분포예측도 같은 절차와 방법으로 진행하면 된다. 예측은 회리바람꽃(Anemone reflexa), 너도밤나무(Eranthis stellata), 금강제비꽃(Viola diamantica) 3종을 대상으로 했다. 주성분 분석에서 환경변인은 dem, bio12, bio16, bio17, bio18로 결정되었다.

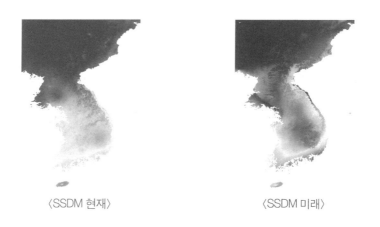

〈SSDM 현재〉　　　　　　　　　〈SSDM 미래〉

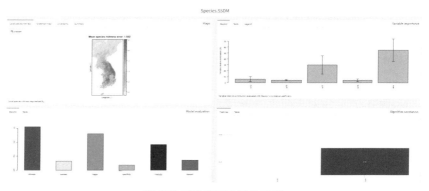

〈북방계 현재 SSDM 분석 결과〉

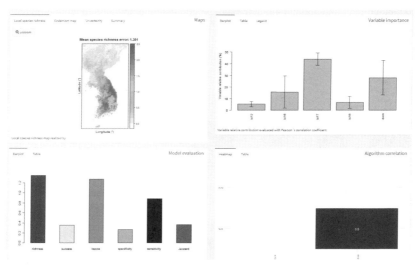

〈북방계 미래 SSDM 분석 결과〉

<현재 북방계 SSDM>　　　　　　　　　　<미래 북방계 SSDM>

SSDM 분석은 개별 종에 대한 앙상블 결과도 함께 만들어진다. SSDM 하단의 Ensemble SDM을 클릭하여 개별 종들에 대한 앙상블 예측분포 결과를 보거나 저장하여 사용할 수 있다.

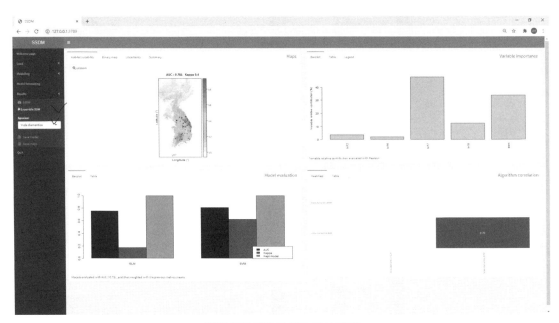

<개별 종에 대한 앙상블 분석 결과>

③ 외래종(외래식물) 다종분포모델(SSDM)

나래가막사리, 단풍잎돼지풀, 가시박, 미국자리공, 환삼덩굴 5종의 외래종을 대상으로 다종분포는 앞의 과정과 동일하며 주성분 분석 결과 DEM, bio4, bio12, bio13, bio18, bio19 변수의 설명력이 가장 높아 선택한다.

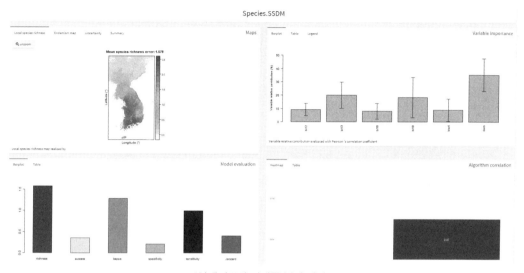

〈현재의 5개 외래종 분석 결과〉

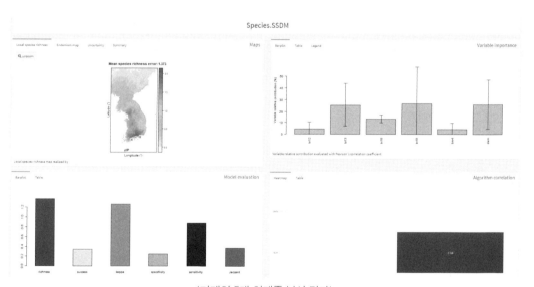

〈미래의 5개 외래종 분석 결과〉

〈현재의 5개 외래종의 분포〉   〈미래의 5개 외래종의 분포〉

## 제9장

동물행동권 분석 및 식생도 제작

동식물은 자기만의 활동 영역을 유지하고 있다. 동물은 이동의 범위인 행동권 영역이 서식지가 되고, 식물은 정착된 지역에서 성장하고 경쟁하는 과정에서 세력을 형성하는 군집을 이룬다. 식물군집은 주변의 환경과 생물 요인들과 상호작용하며 일정 영역을 형성하게 된다. 식물의 우점종 세력이 뚜렷이 나타나는 군집을 묶게 되면 식생도가 된다. 동식물의 영역에 대한 서식지 분석은 변화의 원인을 밝힐 수 있기 때문에 생태계를 파악하는 데 중요한 지표가 될 뿐만 아니라, 인간과 기후변화에 의한 서식지 교란이나 멸종위기에 처한 생물 보존을 위한 기준 설정에 활용될 수 있다.

1. 동물 추적자료 지도 제작

이 장의 동물행동권과 서식지 분석을 위해 동물들에 대한 시간대별 위치 추적자료가 필요하다. 필자는 한국의 동물에 대한 추적자료를 확보할 수 없어 전 세계의 동물 추적자료를 공개하고 있는 무브뱅크(Movebank)에서 동물 추적 데이터를 다운로드했다(https://www.movebank.org/cms/movebank-main).

무브뱅크가 호주에서 추적한 붉은 여우(red fox) 자료를 다운받았다. 붉은 여우 자료에서 timestamp(시간)는 실시간 이동 상황 정보, location-long(경도), location-lat(위도)는 지도화에 필요한 위치정보를 담고 있다.

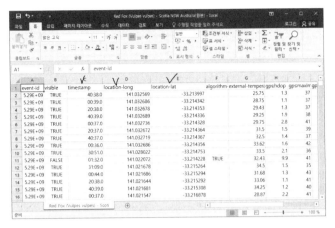

〈Red Fox(Vulpes vulpes) - Scotia NSW Australia(원본)의 예〉

연습에 사용할 수 있도록 우선 위치정보를 이용하여 구분자로 분리된 텍스트 불러오기로 지도 제작 → 레이어 저장 → 한국의 소백산 지역으로 공간위치 이동 [원본은 호주의 경위도이기 때문에 한국 위치로 이동(수정모드 → 편집 메뉴 → 객체이동)] 과 편집모드에서 객체 회전 → 저장(red_fox.shp, 투영정보 WGS84) → 재투영 (red_fox_TM.shp, grs80(5186) → 각 레이어에 대한 $x, $y 함수 사용하여 경위돗값을 재입력하여 준비했다. 한국 위치에서 붉은 여우 배경지도는 TMS for korea를 인스톨하여 불러온 카카오 physical이다. 원본의 점은 95,413이지만 연습을 위해 벡터 메뉴 → 조사 도구 → 랜덤 선택에서 3%를 선택하여 1958개를 선택해 만들었다. 따라서 실시간 이동은 끊기는 부분이 발생할 것이다.

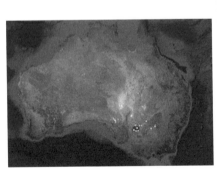

〈원본의 위치〉

〈한국의 위치로 이동시킨 붉은 여우 자료〉

속성은 우리나라 경위도 좌표로 바뀐 것을 확인할 수 있다.

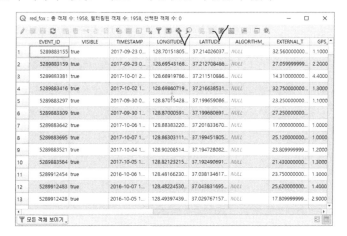

2. 시간대별 동물 이동 보기

위치추적 정보에는 이동위치에 대한 시간기록 필드(timestamp)가 있기 때문에 어디로 이동했는지 지도상에서 알 수 있다. 시간이동을 보기 위해 플러그인에서 TimeManager를 인스톨하여 사용한다. TimeManager 실행은 플러그인 메뉴 하단에 TimeManger에 메뉴가 만들어지고 Toggle visibility를 클릭하면 된다.

지도창 하단에 TimeManager 창이 나타나고, Settings를 누르면 추적 정보파일을 선택할 수 있다.

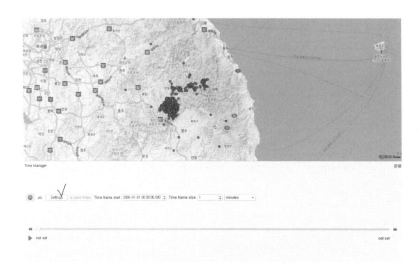

  환경 설정은 Add layer 클릭 → Layer 선택(red_fox 선택) → Start time(Timestamp
선택) → Interpolation(linear interpolation 선택) → ID attribute(individual 선택) → 확인
을 클릭한다. 마지막으로 시간대 선택은 초당, 분당, 일당, 주당, 월당, 연당으로 선
택하면 된다. 주당(weeks)을 선택하면 실시간으로 이동하는 상황이 지도에 나타나
게 된다.

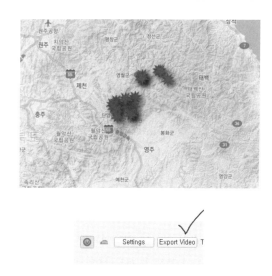

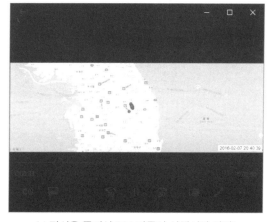

결과를 동영상으로 만들고 싶으면 Export Video를 실행하면 scene별로 파일이
저장되는데 윈도우 무비메이커로 동영상을 만들면 된다(윈도우 무비메이커는 무료
이지만 현재 윈도우에서 제공하지 않아 다운받아 사용하면 됨).

〈스틸신을 동영상으로 만들어 실행시킨 화면〉

실시간 이동 상황에 대한 분석을 마치면 Remove layer를 실행하여 제거하면 된다.

3. 동물행동권 및 서식지 분석

동물행동권 분석은 convex hull의 원리를 적용하는데, Home-range-analysis 폴더의 Home Range KDE.model3 커널 분석 모델을 사용한다. QGIS에서 모델의 적용은 메뉴의 공간 처리 툴박스 클릭 → 모델 → 모델을 툴박스에 추가하기 클릭 → Home Range KDE.model3을 선택 → 하단에 모델 생성됨 → 하단 모델 클릭 → home range 클릭하면 실행창이 나타난다.

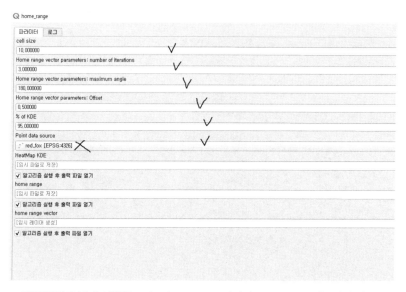

〈동물행동권 분석 실행창: point data source 레이어는 red_fox를 적용하면 안 됨〉

① 95% 커널밀도 행동권 서식지 분석

point data source 레이어 red_fox는 위도 좌표계이기 때문에 한국 표준 중부원점 좌표로 전환한 red_fox_TM을 불러와 적용해야 한다. % of KDE 옵션은 디폴트로 95로 되어 있는데 이 수치는 핵심서식지(50)와 완충서식지(95)를 구분하는 지표가 될 수 있다.

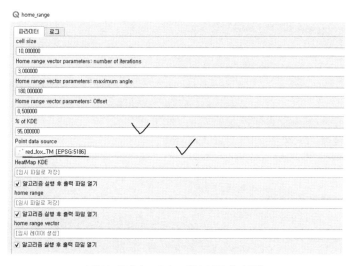

〈대상 레이어 red_fox_TM 선택 후 실행〉

실행 결과 95% 밀도 기준에서 커널밀도와 서식지 범위가 계산된다.

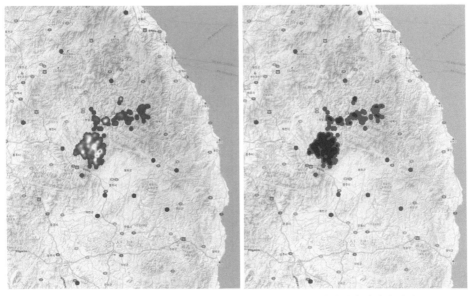

〈95% 커널밀도 결과〉　　　　　　　〈95%에서 완충서식지 범위〉

② 50% 커널밀도 행동권 서식지 분석

50% 커널밀도 분석은 95%보다는 서식지가 좁은 지역을 따라 나타나게 된다.

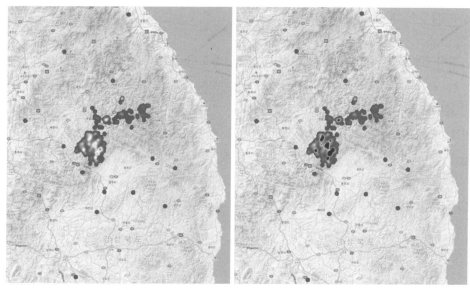

〈50% 커널밀도 결과〉 〈95%에서 핵심서식지 범위〉

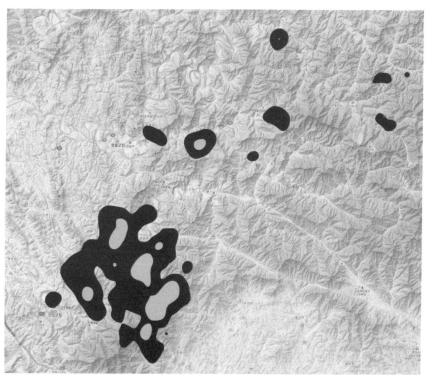

〈붉은 여우 핵심서식지와 완충서식지 중첩〉

4. 식물상 점자료 식생도 면지도 제작

점의 형태로 취득되는 자료는 문화적 요소, 지형요소, 토양 및 유기물 자료, 토양 오염 자료, 식물상 자료 등 다양하다. 자료 특성에 따라 기온, 강수와 같이 연속적인 현상은 측정장치를 이용하여 값을 확보한 후 보간법을 적용하여 사용하는 자료가 있고, 식물과 같이 좌표(x, y) 지점에 위치하는 점자료가 있다. 여기서는 식물 우점종 조사 점위치 자료를 이용하여 면 단위 식생도를 제작해보기로 한다

우점종 자료로 가정한 flora.shp 자료는 2338개의 점자료이다. 점자료는 면지도로 제작하기 위해 자료의 특성에 따라 그룹으로 1차적으로 분류해야 한다.

① K-means 클러스터링

공간 처리 툴박스 검색창에서 K-means를 검색하여 실행한다. 입력 레이어는 flora.shp 선택, 클러스터 수 50(면으로 만들 그룹의 수), 클러스터 필드 이름 group(그룹의 ID)를 지정한다.

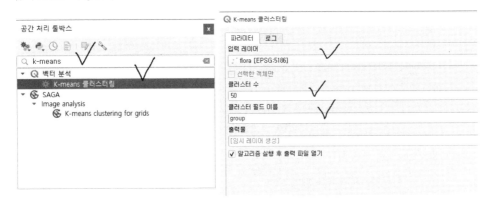

단일 점 레이어를 50개 그룹으로 나눈 결과는 다음과 같다.

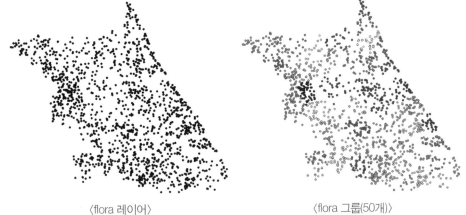

⟨flora 레이어⟩　　　　⟨flora 그룹(50개)⟩

	long	lat	id	species	group
1	344357.37620...	607508.95980...	1161	호두나무	33
2	325337.58630...	607194.52610...	1160	눈쟁이냉이	17
3	244868.17900...	607280.17130...	1163	마가목	24
4	302140.15870...	607549.61420...	1162	노린재나무	48
5	261446.43270...	607388.22370...	1165	검은도루박이	37
6	246818.55540...	607291.13420...	1164	좀쌀풀	24
7	303376.57490...	608120.36090...	1167	운용버들	48
8	260956.53050...	607692.93200...	1166	이삭사초	37

⟨flora 그룹의 속성⟩

50개 그룹으로 나뉜 결과를 보면 점들이 일정하게 나뉘어 있어, 면으로 분리가 가능하다는 것을 파악할 수 있다.

② 1차 최소 경계 도형(면) 및 Concave hull(알파세이프)

다음으로 공간 처리 툴박스 검색창에서 hull을 검색하여 최소 경계 도형을 클릭한다. 입력 레이어 K-means 클러스터링 결과 선택, 필드는 group, 도형 유형 Convex Hull을 선택하고 실행한다.

〈최소 경계 도형 실행창〉

〈1차 생성된 그룹별 면지도〉

점자료의 최외곽 경계 제작을 목적으로 공간 처리 툴박스 검색창에서 Concave
를 검색하여 Concave Hull(알파세이프)을 클릭한다. 여기서 주의사항은 홀 허용 체
크를 하지 않음으로 하여 실행한다는 것이다.

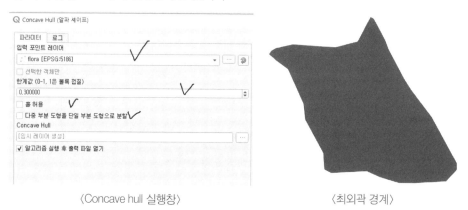

〈Concave hull 실행창〉   〈최외곽 경계〉

③ Thiessen 폴리곤 제작과 자르기

이어 식물상 개체별 thiessen polygon을 제작한다. 공간 처리 툴박스 검색창에서
thiessen을 검색하여 Thiessen polygon을 실행한다.

〈Thiessen polygon 실행창〉

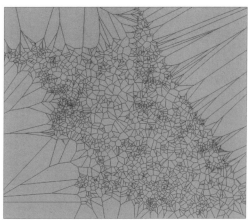
〈flora 점위치별 thiessen polygon 결과〉

　　thiessen 폴리곤은 모든 지역을 포함하고 있어 ③에서 만든 최외곽 경계로 잘라
야 한다. 자르기는 벡터 메뉴 → 공간 처리 도구 → 자르기로 한다.

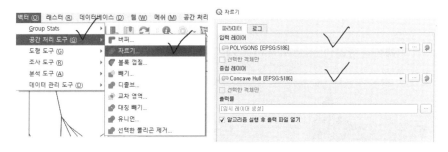

　　입력 레이어 ④에서 제작한 thiessen 폴리곤 선택, 중첩 레이어는 ③에서 제작한
최외곽 경계 Concave Hull을 선택하고 실행한다.

〈잘라낸 Thiessen 폴리곤〉

④ 그룹 식물상 자료 및 면자료 공간조인

다음으로 그룹화한 식물상 자료의 그룹 ID를 기준으로 잘라낸 thiessen 폴리곤에 공간조인을 한다. 벡터 메뉴 → 데이터 관리 도구 → 위치를 이용하여 속성을 조인을 실행하여

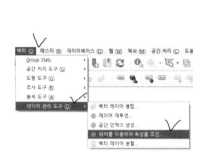

입력 레이어 잘라낸 thiessen 폴리곤 레이어 선택, 조인 레이어 식물상 그룹 레이어 선택, 조건 체크, 조인 유형은 one-to-many를 선택한다.

id	species	long_2	lat_2	id_2	species_2	group
29851	???????	344357.37620...	607508.95980...	1161	호두나무	33
29849	?????????	325337.58630...	607194.52610...	1160	눈쟁이냉이	17
29874	??????	244868.17900...	607280.17130...	1163	마가목	24
29852	?????????	302140.15870...	607549.61420...	1162	노린재나무	48
29881	???????????	261446.43270...	607388.22370...	1165	검은도루박이	37
29881	??????	246818.55540...	607291.13420...	1164	좁쌀풀	24

〈실행 결과 그룹별 폴리곤의 속성〉

〈실행 결과 그룹별 폴리곤〉

공간조인 후 개별 폴리곤을 그룹 ID별로 디졸브해야 한다. 디졸브는 벡터 메뉴 → 공간 처리 도구 → 디졸브를 실행한다.

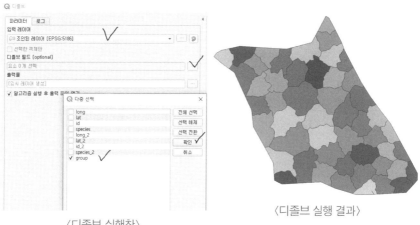

〈디졸브 실행창〉　　　　　　　〈디졸브 실행 결과〉

　　여기서 수행하는 공간조인은 면자료에 속하는 개체들 중 최대 개체수를 차지하는 종을 선별하기 위한 전 단계이다. 입력 레이어는 디졸브된 면자료, 조인 레이어는 flora 선택, 기하 조건은 intersects, overlaps, contains, within 선택, 조인 유형은 one-to-many를 선택하여 실행한다. 실행 결과 필드를 보면 다음 단계에서 group, species_3은 분석에 사용될 필드이고 species, species_2, id,,, 등은 앞선 실행과정에 결합된 필드들이다.

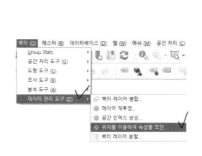

〈결합된 속성 테이블〉

⑤ 범주별 통계분석 및 식생도 제작

범주형 통계분석은 면지역(식생)에 속하는 개체별로 대표하는 종수와 종명을 분석할 목적으로 수행한다. 공간 처리 툴박스에서 통계를 검색하여 실행한다.

실행 시 범주를 담고 있는 필드에서 group과 species_3을 선택하고 실행하면 된다. 실행 결과는 group, species, count가 계산된다.

대표개체 선택은 각각의 면을 대표할 수 있는 개체를 선택하여 면의 이름을 정한다. 흔히 식생도에서 대표 군락명에 대한 이름을 명명하는 것과 같은 방식이다.

범주별 통계자료에서 Select by Expression을 실행한다.

〈select by expression〉

먼저 ① 필드와 값에서 count 클릭 → ② 집계에서 maximum 클릭 → ③ 필드와
값에서 count 클릭 → ④ , 입력 → ⑤ 필드와 값에서 group 클릭하여 선택한다.

"count" = maximum("count" , "group")

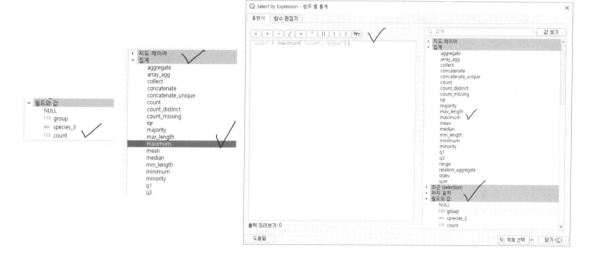

선택된 결과는 각 면 단위별 최대 빈도를 갖는 종들이 선택된 것을 확인할 수 있
다. 여기서는 연습이기 때문에 실제 종빈도와는 차이가 있음을 인정하고 0, 14면에
는 갈대 군락이, 24, 25면에는 생강나무 군락으로 처리된 것을 알 수 있다.

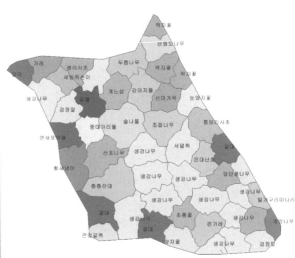

〈재저장 결과를 결합하여 완성된 식생도〉

　　마지막 과정은 선택된 레코드를 내보내기 → 선택한 개체를 다른 이름으로 저장
하기 → csv로 재저장하고 다시 불러와 면의 group id를 기준으로 결합하면 된다.
마지막으로 토지이용도(human_area.shp)와 산림경지(forest.shp)를 이용하여 불필요
지역을 잘라내고 정리하면 식생도는 완성된다.

　　지금까지 필자는 독자들에게 조사한 점자료를 이용하여 면지도를 제작하는 과
정을 설명한 것이다. 여기서 제시하는 식물상은 식생도 제작을 목적으로 수집된
자료가 아님을 밝혀둔다.

## 제10장

라이다 데이터 분석

라이다(Lidar: Light Detection And Ranging)는 레이저를 이용하여 지표 정보에 대하여 3차원 정보를 습득하는 기술이다. 라이다는 3차원 상에 점으로 떠 있는 점운(point cloud) 자료이다. 라이다 정보는 위성, 항공기, 드론 등에 센서를 탑재하여 취득하는데, 위성보다는 항공기와 드론을 활용하고 있다. 라이다의 해상도는 수 센티미터 ~ 수 미터 이내로, 정밀 자료이다. 라이다의 활용은 지표의 3차원 정보, 산림, 건물, 토목, 탄소배출량, 무인 자동차 등 정밀한 분석과 계산을 필요로 하는 분야로 범위가 확대되고 있다. 라이다는 식생 개체의 수관, 높이, 밀도, 수형 분석이 가능하여 생태학에서 주요 연구 관심 분야이다.

1. 라이다(Lidar) 기초

라이다(LiDAR: Light Detection And Ranging)는 레이저를 발사하여 대상물로부터 되돌아오는 반사파를 3차원(X, Y, Z)의 점자료로 수집하는 방법이다. 항공기에 탑재하여 촬영하는 레이저 센서를 예를 들면 지표에 1m²당 2~6개의 반사되는 3차원 점자료를 확보한다. 3차원 점자료를 2차원 평면으로 보면 그냥 점일 뿐이다.

〈항공라이다 촬영〉

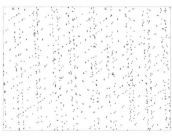
〈2차원 라이다 점자료〉

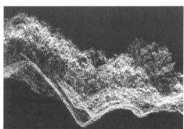
〈3차원 라이다 점자료〉

그러나 3차원으로 보면 지상의 모든 대상물이 입체로 찍혀 있는 것을 확인할 수 있다.

〈3차원 라이다 자료〉

〈개별 대상 입체 확대〉

라이다는 지표는 물론 지상의 입체로 존재하는 대상에 대해 촬영이 가능하다. 따라서 지형, 개별 수목, 건물, 초본(2019년 센서 개발)까지도 입체로 정밀하게 촬영이 가능하다. 특히 식생은 종별 위치와 높이, 식생 층위, 수관 분포, 식생의 경계, 밀도까지도 분석이 가능하다.

라이다를 이용한 식생 위치, 수고, 임관(crown), 수관(canopy) 분석은 다음과 같은 절차로 진행된다.

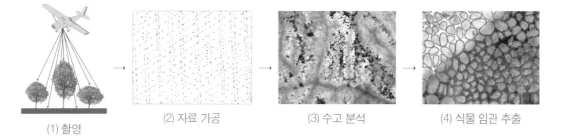

(1) 촬영 → (2) 자료 가공 → (3) 수고 분석 → (4) 식물 임관 추출

라이다 데이터는 X, Y, Z를 갖는데, 형식은 *.las, 또는 압축 형태의 *.laz이다. 파일 구조는 분류 코드에 따라 나뉘어 있어 각각 식생(3~5, Vegetation), 건물(6, Building), 고도(2, Ground) 등의 의미를 갖는다. 따라서 추출하고자 하는 대상을 결정하여 대상을 추출한 다음 입체 분석을 실시해야 한다. 그렇지만 분류 코드는 사용자가 필요에 따라 재분류하거나 지정하여 사용해야 할 경우가 있다.

분류코드	의미
0	Never classified
1	Unassigned
2	Ground
3	Low Vegetation
4	Medium Vegetation
5	High Vegetation
6	Building
7	Low Point(NOISE)
8	Reserved
9	Water
10	Rail
11	Road Surface
12	Reserved
13	Wire - Guard (Shield)
14	Wire - Conductor (Phase)
15	Transmission Tower
16	Wire-Structure Connector (Insulator)
17	Bridge Deck
18	High Noise

QGIS 라이다 데이터 분석 기능은 없다. Lidar 데이터 처리를 위해 플러그인에서 lastools를 검색하여 다운받아 설치하고, 독일 https://rapidlasso.com/lastools/ 사이트에서 lastools 프로그램을 다운받아 압축을 풀어 사용환경을 설정해야 사용 가능하다. lastools 프로그램은 도스창에서 실행되는 프로그램으로 QGIS와 Arcgis 확장 기능으로 사용할 수 있도록 개발되어 있다. 라이다 데이터 처리 과정과 옵션이 복잡할 수 있어 필자는 lastools 프로그램 사용을 도스창에서 사용하기를 권장한다.

QGIS lastool 사용환경 설정은 lastools 플러그인을 받아 설치하여 체크하고, 다운받은 lastools 프로그램의 압축을 C:\ 또는 원하는 드라이브에 풀어놓는다. 필자는 C:\LAStools\LAStools로 설치했고, 공간 처리 툴박스에서 옵션을 클릭하면 옵션 창이 뜨는데, 제공자를 클릭하면 lastools가 보인다. 여기서 Activate를 체크하고, lastools folder를 지정해야 한다. 여기서 주의사항은 lastools 플러그인을 설치하여 체크하지 않으면 제공자에 lastools가 나타나지 않는다는 것이다.

도스창을 이용하는 방법에서 lastools의 실행명령은 모두 C:\LAStools\LAStools\bin 안에 있다. 따라서 일일이 폴더 위치에 찾아 실행하는 불편을 없애기 위해 제어판 → 시스템 → 고급시스템 설정 → 환경변수 클릭 → Path 클릭 → 새로 만들기 클릭 → C:\LAStools\LAStools\bin을 지정하면 된다.

〈lastools 환경설정〉

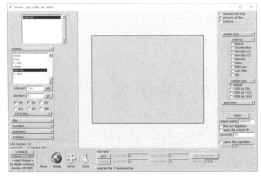

〈도스창에서 실행한 결과〉

2. 라이다 보기와 지형지물 코드 분류

las 또는 laz 확장자를 갖는 라이다 자료는 lasview 명령어로 볼 수 있다. lasview
를 실행하기 위해 해당 파일이 있는 위치로 도스창을 이동해야 한다.

〈las 파일이 있는 도스창 디렉토리〉

lasview 실행은 도스창에서 lasview <파일명>.las를 입력하고 엔터를 치면 된
다. 예를 들어 lidar1.las를 보고자 할 때는 lasview lidar1.las를 입력하고 엔터를 치
면 된다.

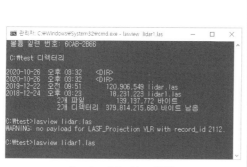

〈lasview lidar1.las 실행〉

〈lidar1.las, 3D 보기 결과〉

lasview로 보이는 3D창은 단순히 라이다 데이터를 보기 위한 창이다. 띄워놓고
돌리거나 이동시키면서 지역의 전반적인 3차원 특징을 파악하는 용도이다.

라이다 자료의 좌표체계 및 점의 수 그리고 지형지물 코드 분류 여부를 파악하기 위해 lasinfo <파일명>.las를 실행한다. lidar.las와 lidar1.las 두 개의 파일에 대한 정보는 그림과 같다.

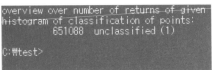

〈lasinfo lidar.las 실행 결과〉 〈lasinfo lidar1.las 실행 결과〉

lidar.las는 지형만 있고, lidar1.las가 전혀 분리되어 있지 않은 상태이지만 둘 다 분류 코드가 없다고 볼 수 있다. 따라서 다음의 절차에 따라 고도 분류, 고도 입력, 코드 분류, 지형지물 레이어 분리 과정을 거쳐 분석에 사용한다.

1. <고도 분류> lasground -cpu64 -i <원본>.las -wilderness -o ground.las
2. <고도 입력> lasheight -cpu64 -i ground.las -drop_below 0 -drop_above 35 -o height.las
3. <코드 분류> lasclassify -cpu64 -i height.las -o class.las
4. <지형지물 분리> las2las -cpu64 -i class.las -o dem.las −keep_class 2(고도)
5. <지형지물 분리> las2las -cpu64 -i class.las -o dsm.las −keep_class 2(고도) 5(식생)

4번 지형지물 분리는 코드가 분류된 라이다 자료에서 고도점 레이어를 분리하는 과정으로 수치지형모델(DTM: digital terrain model)이 되며, 5번은 고도(2)와 식생(5)을 포함하는 레이어를 분리하는 과정으로 해발고도와 지상지물(식생, 건물)의 표고를 계산할 수 있다.

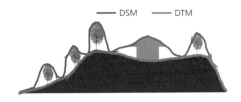

따라서 4번 결과 − DTM을 빼게 되면 식생의 수고(높이), 건물의 높이 등의 수치표면모델(DSM: digital surface model)을 계산할 수 있다.

이제부터 순서대로 진행해 보기로 한다.

<고도 분류>는 lasground 명령으로 분류한다.

lasground -cpu64(운영체계 64비트) -i <원본>.las -wilderness(옵션) -o(저장) ground.las

lasground -cpu64 -i lidar.las -wilderness -o lidar_g.las

를 실행하여 두 개의 라이다 파일에 대한 ground를 생성한다. 실행 후 lasinfo lidar_g.las와 lidar1_g.las 정보를 보면 ground가 분류된 것을 확인할 수 있다.

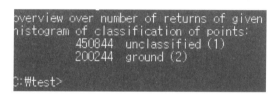

<고도 입력>은 lasheight를 실행하여 고도 정보를 입력하는 과정이다. 표고가 -drop_below 0은 0meter 이하는 삭제하고 -drop_above 35 이상은 삭제하라는 옵션이다. 즉, 해당 자료는 산림지역에 대한 라이다로 최고 큰 식생의 높이가 35보다 크지 않다는 전제로 계산한 것이다. 인공구조(도시지역)에서는 고층 건물의 높이를 고려해서 최고 높이를 지정해야 한다.

lasheight -cpu64 -i lidar_g.las -drop_below 0 -drop_above 35 -o lidar_h.las

<코드 분류>는 lasclassify를 실행하여 지형지물 코드를 분류하는 과정이다.
lasclassify -cpu64 -i lidar_h.las -o lidar_c.las

lidar_c.las와 lidar1_c.las에 대하여 lasinfo lidar_c.las을 실행하면 2(고도), 5(식생), 6(건물)으로 분리된 것을 확인할 수 있다. 라이다 자료는 *.las 파일에 대한 지형지물의 분류 코드를 파악한 후 분류 정보가 없으면 코드 분류해야 한다.

```
overview over number of returns of given
histogram of classification of points:
        109157  unclassified (1)
        200244  ground (2)
        337114  high vegetation (5)
           899  building (6)

C:\test>
```

<지형지물 분리>는 las2las를 이용해 분류 코드별로 새로운 라이다 자료를 만드는 과정이다.

여기서 –keep_class는 해당 분류 코드(2, 5, 6 등)가 지정된 것을 따로 저장하는 옵션이다. 여기서는 식생에 대한 분석을 하려고 하기 때문에 고도와 식생을 추출한다.

```
las2las -cpu64 -i lidar_c.las -o lidar_dtm.las –keep_class 2
las2las -cpu64 -i lidar_c.las -o lidar_dsm.las –keep_class 2 5
```

① 수치지형모델(DTM)

수치지형모델은 점들의 위치와 고도 수칫값을 합쳐 지형을 나타내는 모델이다. 수치지형모델은 지형면과 다른 높이를 갖는 인공지물과 식생 등을 제거한 것이다.

라이다 자료에 대한 지형지물 분류와 분리가 되었으면 수치지형모델 제작이 가능해진다. blast2dem을 실행하여 가능한데, 결과는 asc, tif, bil, img 등으로 저장할 수 있다. 실행 방법은 다음과 같다. lidar_dtm.tif으로 QGIS 래스터 메뉴 → 분석 → 음역기복도를 실행하여 음영기복도를 만들면 농경지, 도로까지도 정밀하게 표현됨을 알 수 있다.

```
blast2dem -i lidar_dtm.las –o lidar_dtm.tif
```

〈lidar_dtm.tif를 QGIS에서 불러온 결과〉　　　　　　〈DTM 음영기복도〉

② 수치표면모델(DSM)

지형면상의 인공지물과 식생 등 표면상에서의 실제 높이 표고를 기록한 표고 모형을 말한다. 수치표면모델 제작은 las2las 옵션 -keep_class 2(지형), 5(식생), 6(건물) 등을 추출한 결과를 blast2dem으로 전환하여 그 결과에서 수치지형모델(DTM)을 빼면 수치표면모델(DSM)이 된다. 식생분석이 목표이기 때문에 6(건물)은 제외하고 2와 5를 선택하기로 한다.

```
las2las -cpu64 -i lidar_c.las -o lidar_dsm.las -keep_class 2 5
```

다음으로 blast2dem을 실행하여 표면 전체(지형과 인공지물, 식생 등 포함) 표면모델을 제작한다.

```
blast2dem -i lidar_dsm.las -o lidar_dsm.tif
```

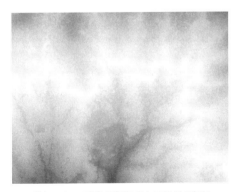

〈lidar_dsm.tif를 QGIS에서 불러온 결과〉

마지막으로 수치표면모델(DSM) 제작은 QGIS 래스터 계산기로 lidar_dsm.tif - lidar_dtm.tif와 같이 계산하면 된다.

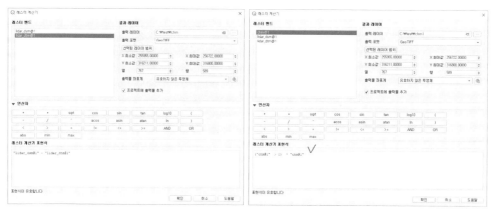

<lidar_dsm.tif - lidar_dtm.tif 계산>   <결산 결과의 음수 처리>

계산 결과는 일부 음수가 나올 수 있기 때문에 래스터 계산기로 ("chm@1" > 0) * "chm@1" 하여 다시 계산한다. 최종적으로 계산된 수치표면모델은 그림과 같다.

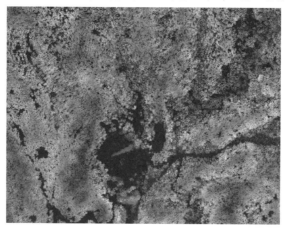

<수치표면모델>

여기서의 실습은 식생으로 제한하여 수목에 대한 높이를 계산하는 수치표면모델이기 때문에 CHM(canopy height model)으로 정의한다. 실제로 CHM은 임관, 위치, 밀도, 수고를 계산하여 식생분석에 활용하기 때문에 영상분석과 결합하여 분석한다.

3. 임관수고모델(CHM)

임관수고모델(canopy height model)은 임관(canopy)을 이루고 있는 수관(crown), 수고(height), 수목위치, 밀도 등 다양한 분석을 할 수 있다. 한 그루 수목의 상층부가 수관이 되고 수관이 모이면 임관을 이루게 된다.

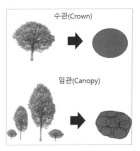

〈임관과 수관의 차이〉

임관수고모델은 수치표면모델 원리와는 차이는 없지만 수고, 임관을 정밀하게 처리하기 위해 식생 층위별로 제작하여 합치는 과정과 해상도를 높이는 작업을 해야 한다.

① 임관수고모델 제작

watershed segment에 의한 임관수고모델을 분석하기 앞서 lastools로 추출한 수치표면모델(lidar_dsm.tif)과 수치지형모델(lidar_dtm.tif)을 QGIS로 불러온다. 불러온 파일은 좌표계 설정에서 EPSG:5186으로 설정한다.

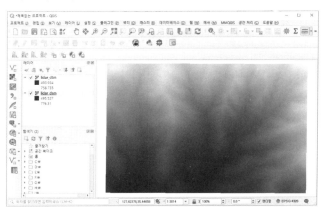

〈lidar_dsm.tif와 lidar_dtm.tif 불러온 결과〉

다음으로 공간 처리 툴박스 검색창에서 Raster difference를 검색하여 실행하고, A는 lidar_dsm을 선택하고, B에는 lidar_dtm을 선택하여 실행한다.

실행된 결과는 좌표계를 5186으로 설정하면 보이는데 범례를 보면 나무의 임관 수고(canopy height)가 계산될 것을 알 수 있을 것이다. 여기서 보이는 음수는 래스터 값의 일부 오류이기 때문에 계산 과정에서 무시해도 좋다.

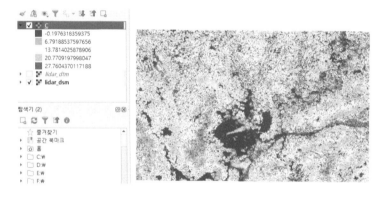

값들을 확대해 보면 실젯값들이기 때문에 거칠게 보이고 이 값들은 임관수고모델 제작에 방해 요인이 된다. 임관이 잘 추출될 수 있게 하기 위해 필터를 적용한다. 필터는 툴박스에서 gaussian filter를 검색하여 클릭하고, Grid는 1차 계산 레이어, Search Mode는 Circle, Search Radius는 5를 지정하여 실행한다.

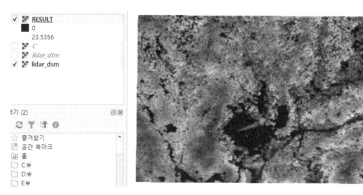

〈gaussian filter로 적용 결과: 임관수고〉

② 임관도 제작 및 개체 위치 추출

Watershed Segmentation을 적용하여 임관도와 수목위치를 계산하도록 한다.

공간 처리 툴박스에서 Watershed Segmentation을 검색하여 클릭하고, Grid는 gaussian filter 결과 레이어, Output은 Seed Value, Method는 maxima 그리고 나머지는 디폴트로 실행한다.

　Method는 Maxima 기준 임관 구역 내 가장 큰 수목을 결정하고 그에 따라 임관
의 범위를 결정하게 된다. 결과는 Seed Points(수목위치), Segments(추출된 임관),
Borders(임관의 래스터 경계) 3개의 파일이 만들어진다. 각각에 대해 좌표계를 5186
으로 설정하면 보이게 된다. 임관 래스터 경계인 Borders는 여기서는 불필요하여
사용하지 않는다. Seeds에는 나무 위치와 수고(VALURE)가 테이블에 들어 있다. 그
런데 수고가 0인 것도 포함되어 있는데, 이는 약간의 기복이 있지만 나무가 없는
지역도 계산되었기 때문이다.

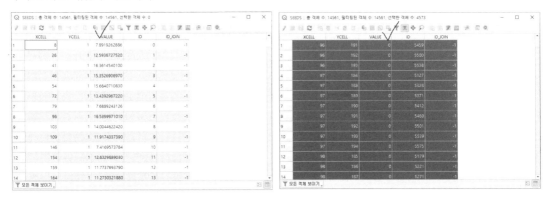

　테이블에서 VALURE가 0인 것을 선택하면 구분된다. 수정모드에서 수고가
5meter 이하를 선택하여 삭제한다.

〈0m 수목 삭제 전〉 〈5m 이하 수목 삭제 후〉

임관 내 최고 수고를 갖는 개체들은 따로 저장해서 차후에 초분광영상 분석, 시 개체 밀도, 흉고 직경, 층위별 분석에 사용한다.

segments(추출된 임관)는 임관과 임관별 수고가 함께 나오는데, 수목 개체들이 이루고 있는 수관이 결합되어 임관을 형성하고 있는 것을 확인할 수 있다.

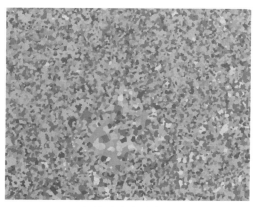
〈1차 계산된 임관도〉

그림을 보면 수목 개체에서도 낮은 값이 나오듯이 수관도 불필요한 값이 계산된다. 따라서 이를 제거해야 한다. 불필요한 수고를 갖는 임관을 제거하기 위해 공간 처리 툴박스에서 Raster calculator를 검색하여 클릭하고 Formular에 ifelse(lt(a,5),-99999,a)를 입력하고 실행한다. ifelse(lt(a,5),-99999,a) 앞서 1차 계산된 임관수고모델 segments에 대해 5보다 수고가 작은 부분은 nodata 처리하여 임관수고모델의 불필요한 지역을 제거하게 된다.

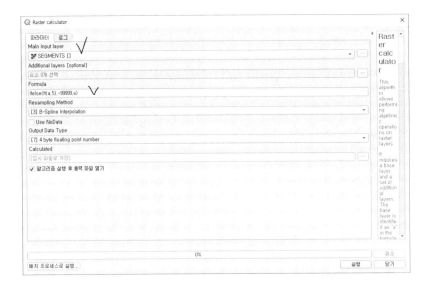

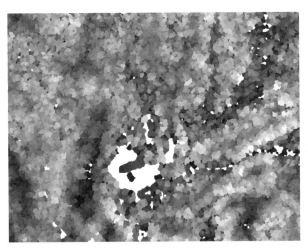

〈2차 계산된 임관수고모델〉

임관 개체수종과 마찬가지로 임관수고 모델도 초분광 분석에 적용하기 위해 벡터로 전환한다. 공간 처리 툴박스에서 Vectorising grid classes를 검색하여 클릭하고 Grid 2차 계산 임관수고모델, Class Selection은 all classes, Vectorised class as…는 one single ~~를 선택하고 실행한다.

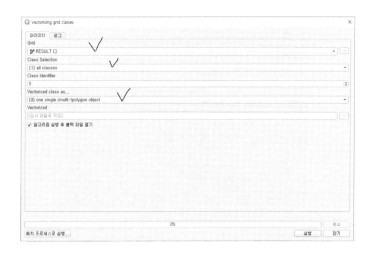

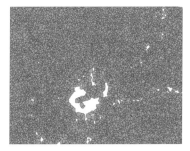

〈벡터 변환 임관도〉

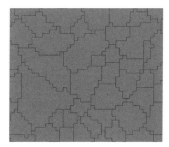

〈확대한 임관도〉

벡터 임관을 확대해 보면 실제와는 다르게 래스터 격자를 따라 선들이 거친 것을 확인할 수 있다. 부드럽게 하여 실제 현상과 가깝게 하기 위해 공간 처리 툴박스 검색창에서 '평활화'를 검색하고 클릭하여 면의 형태를 부드럽게 바꿀 수 있다.

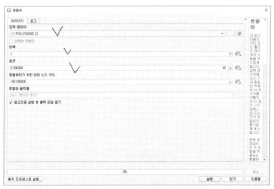

〈임관 폴리곤 평활화〉

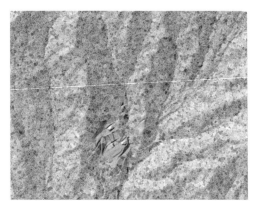

〈최종 완성된 임관도〉

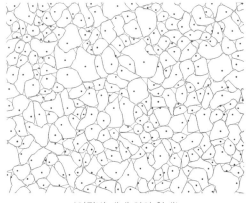

〈임관별 개체 위치 확대〉

　라이다 자료로 임관, 수고와 흉고, 밀도, 개체위치를 계산할 수 있지만, 각각의 수종을 파악하기에는 한계가 있다. 물론 개체별 수형분석으로 수종을 구분할 수 있기는 하지만 시간이 많이 걸리는 작업이다. 따라서 라이다로 분석한 식생결과를 초분광과 결합하여 사용하면 효과적이다. 초분광영상은 개체종을 분석할 수 있기 때문이다.

## 제11장

영상분석

영상자료의 원천은 여러 종류가 있다. 인공위성, 드론, 라이다 등 센서와 무인 타임랩스(time lapse), 항공 촬영으로 확보된 자료가 있다. 가시광선, 적외선~중적외선, 열적외선 파장대, 3차원 점운자료(라이다), 시간대별 촬영 자료 등을 분석 목적에 따라 사용한다. 영상자료 분석은 인간의 시각으로 읽기 힘든 파장대 정보를 통해 새로운 정보를 추출하거나 3차원 지상 정보를 분석할 수 있기 때문이다. 분석 툴을 사용하여 영상정보를 추출하는 것도 중요하지만 연구자나 사용자가 영상 정보를 판독할 수 있어야 한다. 영상에 촬영된 대상이 실제는 다른 종류임에도 불구하고 같은 파장과 같은 이미지로 판독될 수 있기 때문이다.

1. 영상분석 준비

① 위성영상 분석 플러그인 설치

위성영상은 유상 판매자료와 무상 제공자료가 있다. 상용자료는 중저해상도 ~ 고해상도의 영상판매 목적으로 개발되어 판매되고 있다. 그러나 지구의 기후, 생태, 환경 등 정보를 취득하기 위한 영상(Landsat, MODIS, Sentinel 등)은 주로 무료로 웹에서 다운받아 사용할 수 있다. 그렇다고 영상의 확보 방식에 따라 질의 차이가 있는 것은 아니다. 영상의 해상도 결정은 확보하려는 지구 정보의 종류와 목적에 따라 결정된다.

QGIS에서 영상분석은 Semi-Automatic Classification Plugin을 인스톨하여 사용할 수 있다. Semi-Automatic Classification은 오랜 기간 연구하여 개발해 온 영상분석 기법을 적용하여 분석할 수 있도록 개발되어 있다.

〈Semi-Automatic Classification 창〉

② 영상 다운로드

Semi-Automatic Classification에는 Landsat과 Sentinel 2 영상을 다운받을 수 있는 기능이 탑재되어 있다. 영상은 촬영 당시의 구름과 노이즈를 사전 검토하고 여러 시기를 결정하여 다운받아야 하기 때문에 자체 기능을 권장하고 싶지 않다. NASA 다운로드 센터에서 필요조건을 결정하고 다운받는 것을 추천한다.

나사의 다운로드 센터 https://earthexplorer.usgs.gov/에 접속하여 다양한 무료 영상을 다운받을 수 있다. 현재의 웹사이트 주소가 바뀌는 경우가 있어 접속이 안 되면 google에서 Landsat down을 검색하여 접속하기를 바란다.

〈Landsat 검색창〉

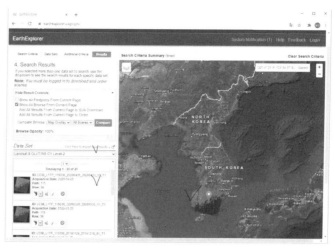

〈Landsat 검색 결과〉

　　마찬가지로 Sentinel 2는 https://scihub.copernicus.eu/dhus/#/home에서 다운받을 수 있는데 접속이 안 되는 경우 Sentinel 2 download를 검색하여 접속하면 된다. 소개한 2개 사이트에서 자료를 다운받으려면 가입하여 아이디를 만들어야 한다.

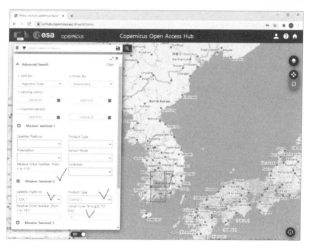

〈Sentinel 2 검색창〉

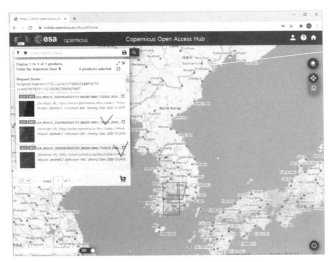

〈Sentinel 2 결과〉

연습을 위해 필자는 강원도 지역 다운받을 영상을 satellite_img 폴더에, Landsat은 LC08_L1TP_115034_20200405_20200410_01_T1에, Sentinel 2는 S2A_MSIL1C_20190602T021611_N0207_R003_T52SDH_20190602T042019.S AFE에 준비했다.

2. 영상자료 전처리

① Landsat 전처리 및 합성

영상자료의 전처리는 영상에 영향을 미치는 대기, 에어로졸, 태양 고도와 각도, 위성 자세 등에 대하여 영상을 보정하는 작업이다. 전처리 기능은 영상의 DN(digital number)값을 대기상부 반사율(TOA reflectance)과 밝기 값 온도(brightness temperature)로 변환하여 보정한다. 영상자료의 전처리는 위성(Landsat 1~8)마다 차이가 있기 때문에 고윳값을 구글 검색에서 확인하거나 다운받은 영상의 _MTL.TXT, 즉 LC08_L1TP_115034_20200405_20200410_01_T1_MTL에 포함되어 있다. 또한 영상은 다중 밴드로 분리되어 있기 때문에 합성해야 한다. 밴드마다 파장과 해상도, 취득 정보가 다를 수 있기 때문에 사전에 밴드 정보를 파악하여 선택해야 한다.

Landsat-7 ETM+ Bands (μm)			Landsat-8 OLI and *TIRS* Bands (μm)		
			30 m Coastal/Aerosol	0.435 - 0.451	Band 1
Band 1	30 m Blue	0.441 - 0.514	30 m Blue	0.452 - 0.512	Band 2
Band 2	30 m Green	0.519 - 0.601	30 m Green	0.533 - 0.590	Band 3
Band 3	30 m Red	0.631 - 0.692	30 m Red	0.636 - 0.673	Band 4
Band 4	30 m NIR	0.772 - 0.898	30 m NIR	0.851 - 0.879	Band 5
Band 5	30 m SWIR-1	1.547 - 1.749	30 m SWIR-1	1.566 - 1.651	Band 6
Band 6	60 m TIR	10.31 - 12.36	*100 m TIR-1*	*10.60 - 11.19*	Band 10
			100 m TIR-2	*11.50 - 12.51*	Band 11
Band 7	30 m SWIR-2	2.064 - 2.345	30 m SWIR-2	2.107 - 2.294	Band 7
Band 8	15 m Pan	0.515 - 0.896	15 m Pan	0.503 - 0.676	Band 8
			30 m Cirrus	1.363 - 1.384	Band 9

⟨Landsat 7, 8호 밴드 정보⟩

예를 들어 Landsat 7, 8호의 밴드 구성을 보면, Landsat 8호의 1번 밴드는 에어로졸이다. Landsat 7은 6번 밴드가 60m 열밴드이고, 8번은 15m 팬크로매틱 밴드이다. 반면에 Landsat 8은 밴드 10, 11번이 100m 열밴드이고 8번이 15m 팬크로매틱 밴드이다. 9번은 대기 고고도 지역의 오염체 정보를 담고 있는 밴드이다. 따라서 지표 정보 추출을 위해 Landsat 7은 1, 2, 3, 4, 5, 7번의 6개 밴드를 합성하면 되고, Landsat 8은 2, 3, 4, 5, 6, 7번의 6개 밴드를 합성하면 된다.

Sentinel 2는 다중 밴드가 12개로 구성되어 있고 10m 해상도인 2, 3, 4, 8의 4개 밴드 또는 20m 해상도인 5, 6, 7, 8A, 11, 12의 6개 밴드를 조합하여 사용하면 된다.

Sentinel-2 Bands	Central Wavelength (μm)	Resolution (m)
Band 1 - Coastal aerosol	0.443	60
Band 2 - Blue	0.490	10
Band 3 - Green	0.560	10
Band 4 - Red	0.665	10
Band 5 - Vegetation Red Edge	0.705	20
Band 6 - Vegetation Red Edge	0.740	20
Band 7 - Vegetation Red Edge	0.783	20
Band 8 - NIR	0.842	10
Band 8A - Vegetation Red Edge	0.865	20
Band 9 - Water vapour	0.945	60
Band 10 - SWIR - Cirrus	1.375	60
Band 11 - SWIR	1.610	20
Band 12 - SWIR	2.190	20

⟨Sentinel 2 밴드 정보⟩

밴드 조합과 활용에 대해 보다 세부적인 사항은 독자들이 해당 위성정보 설명서를 참고하여 사용하기 바란다.

밴드의 전처리는 Semi-Automatic Classification를 활성화하여 한다. 그림의 preprocessing 아이콘을 클릭하고,

〈전처리 실행 아이콘 위치〉

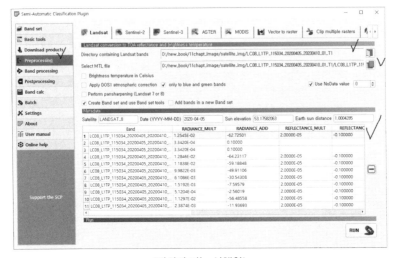

〈전처리 기능 실행창〉

RUN을 클릭하기 앞서 밴드의 경우 Directory containing Landsat bands는 포함된 폴더 LC08_L1TP_115034_20200405_20200410_01_T1 지정하고 Select MTL file는 영상밴드별 정보가 들어 있는 LC08_L1TP_115034_20200405_20200410_01_T1_MTL를 지정한다.

다음으로 Apply DOSI atmospheric correction, Use NoData value, Create Band set and Band set tools를 체크하고 RUN을 클릭한다. 클릭한 뒤 결과를 저장할 폴더를 입력하면 된다.

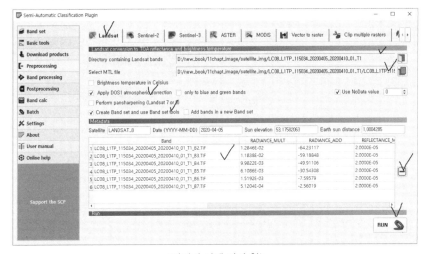

〈전처리 선택 결과 창〉

새롭게 만들어진 6개 파일들은 RT_*로 생성된다.

〈전처리 결과 파일〉

이어 열밴드 10, 11을 불러와 섭씨(celsius) 상대온도와 Apply DOSI atmospheric correction를 체크하고 계산한다. 여기서 계산된 온도는 절대온도가 아니기 때문에 관측자료로 보정을 해야 한다.

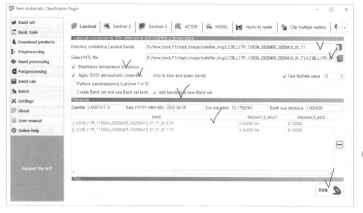

〈온도계산 결과〉

〈상대온도 계산〉

새롭게 만들어진 6개 파일들은 RT_*를 한 개의 밴드 조합파일로 만들도록 한다. 우선 band set의 하단 창에서 6개를 선택하고 preprocessing을 클릭 →

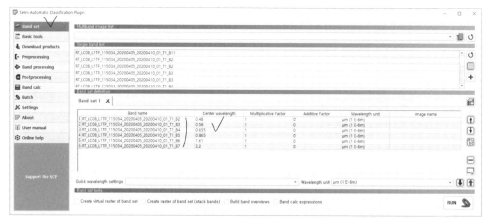

〈RT_* 선택 결과〉

상단의 방향 표시를 클릭하여 Stack raster bands로 이동 → Select input band set을 6으로 입력하고 RUN하여 저장하면 된다.

〈밴드 합성 실행 선택창〉

〈밴드 합성 결과: 4, 3, 2 조합－UTM52〉

〈밴드 합성 결과: 4, 6, 2 조합－UTM52〉

② Sentinel 2 전처리 및 합성

Sentinel 2는 12개 밴드 모두를 전처리하고 해상도와 파장단위로 합성을 하기로 한다. 전처리 기능을 실행하여 그림과 같이 Sentinel 2 클릭 → Directory containing Sentinel 2 bands 폴더는 S2A_MSIL1C_20190602T021611_N0207_R003_ T52SDH_20190602T042019.SAFE\GRANULE\L1C_T52SDH_A020592_ 20190602T021605\IMG_DATA까지 지정한다. Select MTL file은 S2A_MSIL1C_ 20190602T021611_N0207_R003_T52SDH_20190602T042019.SAFE\GRANULE\ L1C_T52SDH_A020592_20190602T021605의 MTD_TL를 선택한다.

Apply DOSI atmospheric correction, Use NoData value, Create Band set and Band set tools 체크하고 RUN을 클릭하면 된다.

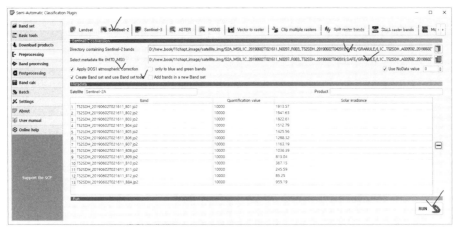

〈Sentinel 2 전처리 실행창〉

Sentinel 2의 전처리 결과 RT_* 파일명을 갖는 12개 밴드가 모두 생성된 것을 알 수 있을 것이다.

전처리 결과 파일들을 10m 2, 3, 4, 8번 밴드를 합성하고 20m 5, 6, 7, 8A, 11, 12 의 6개 밴드를 합성하기로 한다.

Band set에서 하단에 10m 2, 3, 4, 8만을 선택하고

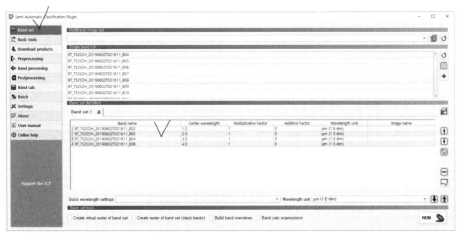

〈2, 3, 4, 8 밴드 선택〉

Preprocessing에서 Stack raster bands로 이동 → Select input band set을 4개로 입력하고 RUN하여 저장하면 된다.

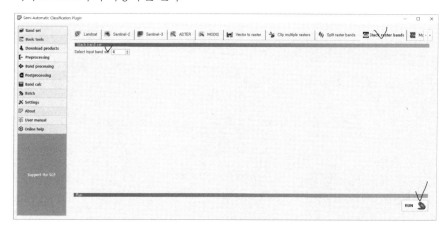

같은 방법으로 20m 5, 6, 7, 8A, 11, 12의 6개 밴드를 합성해 보자.

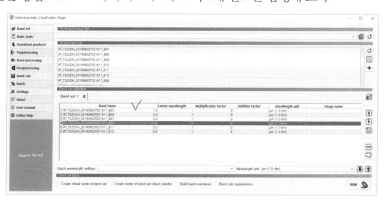

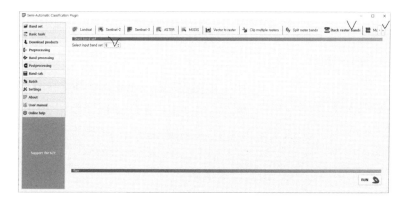

Sentinel 2 이미지 조합 결과는 그림과 같다.

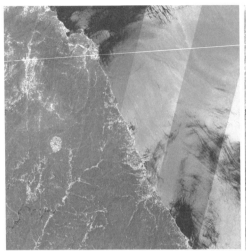 

〈밴드 합성 결과: 4, 3, 2(8, 4, 3) 조합-UTM52〉　　〈밴드 합성 결과: 4, 6, 3(8A, 12, 7) 조합-UTM52〉

위성영상은 대부분 좌표체계가 UTM을 기준으로 하기 때문에 우리나라는 UTM52이다. 따라서 다른 레이어와 함께 분석에 사용하기 위해 내보내기 → 다른 이름으로 저장하기에서 좌표를 중부원점 EPSG:5186으로 재저장해 사용해야 한다.

③ 영상 자르기

위성영상 1 scene 전체를 분석에 사용하는 경우는 광범위 지역을 대상으로 할 때를 제외하고 대상지역을 잘라서 사용한다. 대상지역이 결정되어 있기 때문에 화면 상에서 마우스로 임의지역을 선정하여 정방형으로 자르거나 경계 좌표를 입력하여 자르는 경우는 드물다.

영상을 잘라내는 방법은 두 가지가 있는데, 대상지역 shape 파일 폴리곤 레이어 (image_cl.shp)가 준비되어 있어야 한다.

첫 번째 방법은 전처리로 보정하여 합성된 영상 파일을 shape 파일과 함께 불러와 QGIS 래스터 메뉴 → 추출 → 마스크 레이어로 래스터 자르기를 실행하여 자른다. 같은 방법으로 Landsat 합성 이미지를 불러와 자른다.

〈image_cl.shp, Sentinel 2 stk2348〉　　　　　〈래스터 자르기 실행〉

〈잘라낸 Sentinel 2 영상〉

〈잘라낸 Landsat 영상〉

두 번째 방법은 Semi-Automatic Classification 전처리 결과 RT_* 파일을 불러와 합성하는 방법이다. Band set에서 원본인 아닌 전처리 RT_*의 파일을 선택(필자는 Landsat)하고 하단으로 내린다.

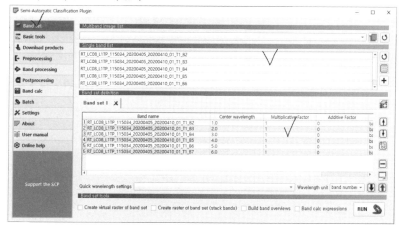

다음으로 Preprocessing의 상단 메뉴 중 Clip multiple raster 선택 → Show(범위 지정) + 클릭 → 이미지 창에서 범위 지정한다. 범위 지정의 경우 사각형으로 자를 때 첫 지점은 왼쪽 마우스를 클릭하면 대각선 방향이 끝점이 되는데 이때 오른쪽 마우스를 클릭하면 범위가 지정된다.

<SCP에서 자르기 기능 실행창>

<자를 범위 설정 결과>

<결과>

자른 결과는 Band set에서 다시 불러와 Create raster band set(stack bands)를 체크하고 실행한다.

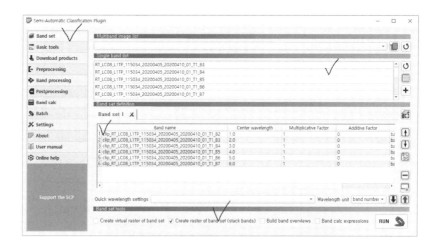

〈합성된 Landsat〉

Semi-Automatic Classification의 자르기 기능 중 Use vector clipping 옵션을 이용한 Shapefile로 자르기는 기능이 불안정하여 권장하지 않는다. 결론적으로 Semi-Automatic Classification의 자르기 기능을 활용하면 개별 밴드를 자르고 다시 합성해야 하기 때문에 전처리 과정을 다시 하게 된다. 따라서 첫 번째 방법을 추천한다.

3. 영상정보 추출

영상을 분석하는 가장 큰 이유는 영상에서 지표의 토지이용 정보를 추출하는 것이다. 토지이용 정보는 농경지, 도시, 마을, 수체, 산림, 해안, 갯벌, 사빈 등 우리가 알고 있는 정보들을 의미한다.

영상정보를 추출하는 방법은 무감독 분류와 감독 분류가 있다. 무감독 분류는 통계적인 분리 기법에 따라 자동으로 추출하는 방법이고 감독 분류는 사람이 영상을 판독한 결과를 분석 과정에 지정하는 것이다.

Semi-Automatic Classification에서 분석하기 위해 영상자료를 래스터 불러오기로 불러오면 영상 레이어를 인식 못 하는 경우가 있어 Band set에서 불러와야 한다.

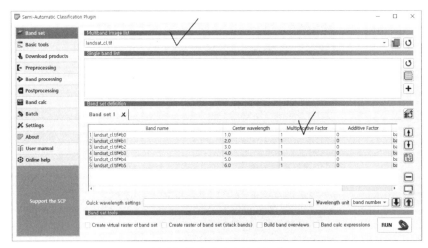

〈분석용 합성 이미지 불러오기〉

① 무감독 분류

무감독 분류는 Band processing의 Clustering에서 한다. Clustering에서 Method는 K-means 체크, Number of classes는 추출 정보의 개수 5가지 지정, Max number of iterations은 5회 반복계산 횟수이다. 결과는 5가지 정보를 분류한 토지이용도가 된다.

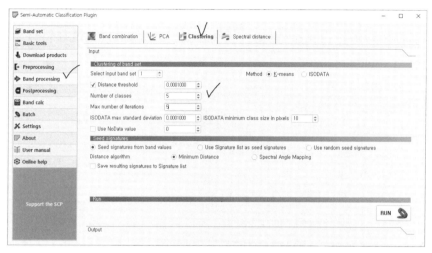

〈무감독 분류〉

〈무감독 분류 결과〉

결과를 보면 영상 판독과는 다르게 분류됨을 알 수 있다. 무감독 분류는 지표 정보가 단순하면서 평지에서는 잘 구분되지만 산지에서는 정확도가 낮다. 필자는 분석 과정에서 수체와 습지와 같이 뚜렷이 구분이 되는 경우 무감독 분류를 부분적으로 사용한다.

② 감독 분류

감독 분류는 영상을 활용하는 사람이 영상을 통해 무엇인지 판독을 할 수 있어야 한다. 판독된 결과는 training data를 만들고 지정하는 기준에 따라 토지이용을 분류하게 하는 방법이다.

감독 분류는 ROI signature list에서 실행한다. 진행은 (1) 분류 대상 train 파일 지정, (2) 분류 대상 그리기, (3) 분류 대상 정보 입력, (4) 분류 대상 입력 아이콘을 클릭하여 진행한다.

먼저 파일을 입력하고 → 입력한다.

C:/test/train.scp

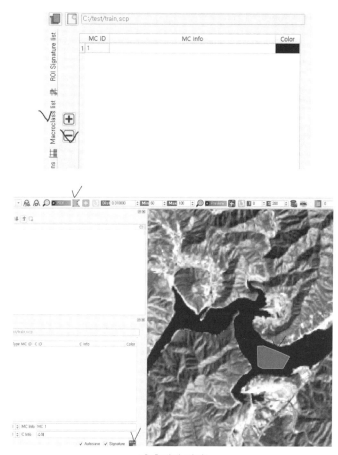

〈추출대상 입력〉

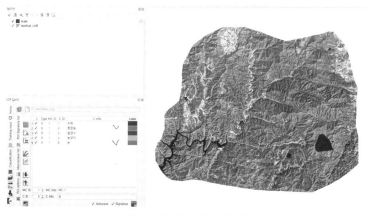

〈분류 대상별 훈련자료 입력 결과〉

영상은 계절이나 여러 원인으로 같은 대상이 다르게 보이는 경우가 있다. 해당 지역은 4월 5일 촬영한 자료 산지에 눈이 덮여 있다. 눈 덮인 지역은 실제는 혼합림 지역이기 때문에 혼합림과 결합해서 분류해야 한다.

〈눈과 혼합림〉

〈눈과 혼합림〉

이런 경우는 Ctrl 키를 누른 상태에서 혼합림과 눈을 클릭하여 선택하고 merge 아이콘을 눌러 결합한다. 결합되었으면 눈과 혼합림을 Ctrl 키 누른 상태에서 선택하고 삭제 아이콘을 클릭하여 삭제한다.

〈결합된 결과〉   〈삭제된 결과〉

마지막은 Macroclass list를 클릭하고 −키를 눌러 마지막 train 정보 입력 메모리 를 삭제한다.

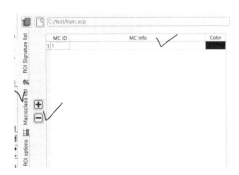

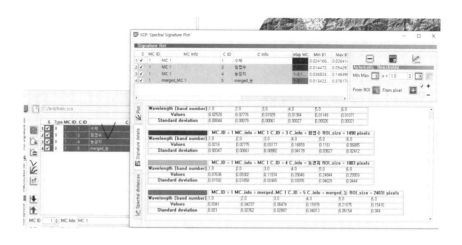

분류하고자 그린 분류 대상 분광의 plot은 그림과 같이 항목(혼합림, 농경지, 수체
등)을 선택하고 ✏ 아이콘을 클릭하면 분석 결과가 나온다.

마찬가지로 대상별 분리정도를 나타내는 scatter plot는 ▦ 아이콘을 클릭하면
그려진다.

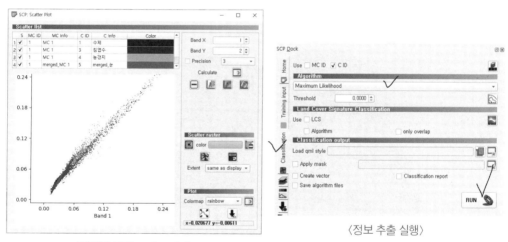

〈대상별 분리 scatter plot〉　　　　　　　　　〈정보 추출 실행〉

토지이용 정보 추출은 Classification을 클릭하고, Algorithms에서 Maximum
Likelihood 선택하고 RUN을 클릭하면 된다. 결과를 보면 수체 지역의 구분이 분명
한데 분리가 안 되고 있다. 이런 경우는 수체 지역에 대한 train 한 개를 더 만들고
앞서 지정한 수체와 결합하면 분리된다.

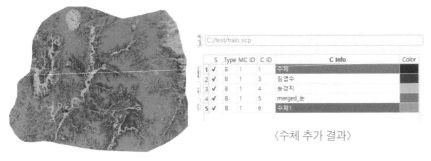

⟨분류 결과⟩

⟨수체 추가 결과⟩

⟨기존 수체 제거하고 결합한 결과⟩

⟨분류 결과: 수체, 침엽수, 혼합림, 농경지⟩

　명확히 파악되는데 분리가 잘 안 되는 대상은 이와 같은 과정을 반복하여 최종적으로 완전한 토지이용 정보를 추출될 때까지 반복하기를 권장한다.

　마지막으로 분류 결과에 대해 감독 분류 train 지정에 따라 분류가 잘되는지 분류정확도를 분석할 필요가 있다. 분류정확도 분석은 Postprocessing 상단의 Accuracy를 클릭, Select the classification to assess 감독 분류 결과 파일 super5_5.tif, Select the reference vector or raster 분류가 명확한 자료(여기서는 train 선택, C_ID 선택, C_ID는 3, 4, 5, 6임)를 선택하여 결과 파일의 정확도를 분석하는 것이다. 3: 침엽수, 4: 농경지, 5: 혼합림, 6: 수체로, 침엽수, 농경지는 비교적 잘 추출되었고, 혼합림은 침엽수, 농경지와 섞어서 분리된 것을 알 수 있다.

〈정확도 검증 실행창〉

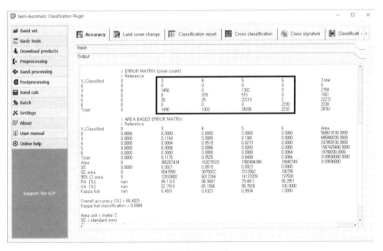

〈분류정확도 분석〉

가장 완전한 추출은 다음 표와 같이 100% 추출이 이상적이다.

Classified	3 침엽수	100% 추출	4 농경지	100% 추출	5 혼합림	100% 추출	6 수체	100% 추출
3	1,456	1,490	0	0	1,302	0		0
4	8	0	978	1,003	515	0		0
5	26	0	25	0	22,219	24,036	2	0
6	0	0	0	0	0	0	2,230	2,232

③ 주성분(PCA) 분석

주성분 분석(PCA: Principal component analysis)은 정보 추출에 사용되는 밴드가 많은 다중분광영상(multispectral image)이나 초분광영상(hyperspectral image) 등에 대하여 영상 차원을 축소(dimensionality reduction)하는 방법이다.

차원 축소의 경우 영상 외에 라이다 자료나 공간분석 자료를 영상밴드와 합성하여 정보를 추출하고자 할 때 모든 밴드를 분석에 적용하면 비효율적이기 때문에 정보 추출에 영향력이 큰 밴드만을 추출하고, 재합성하여 정보를 추출하는 용도로 사용한다.

연습을 위해 잘라낸 6개 밴드를 갖는 Landsat을 이용하여 주성분 분석을 해보기로 한다. 주성분 분석을 위해 Semi-Automatic Classification의 Band set에서 불러온다. Band processing 상단의 PCA 클릭, Number of components 3을 입력(주성분을 3개 추출함)한다.

RUN을 클릭하면 주성분 분석 결과 생성한 밴드와 통계를 저장할 폴더를 물어보는데 만들고 지정하면 된다. 결과는 3개의 주성분 밴드와 PCA_band_3.tifPCA_

report 통계 결과 파일에 만들어진다.

〈PCA 결과 생성된 밴드〉

〈PCA 결과 3개 밴드 합성 결과〉

주성분 재합성 이미지로 감독 분류와 다른 목적의 분석에 다시 사용하면 된다.

④ 식생지수(NDVI) 계산

식생지수는 식생의 활력도를 계산한 것으로 식생의 활동성 분석, 건강성, 습지, 육상과 수체 분리, 인공구조물 분리 분석에 활용된다.

위성영상의 밴드비율을 이용하는 방법은 식생지수 외에도 EVI, SAVI 등 정보 추출 분석의 목적에 따라 다수이다. 식생지수는 (NIR – Red) / (NIR + Red) 식으로 계산한다. 식생지수 적용 밴드는 위성영상마다 밴드 파장의 차로 약간씩 차이가 있다.

(Landsat 8) = (B5 – B4) / (B5 + B4)

(Landsat 4 – 7) = (B4 – B3) / (B4 + B3)

(Sentinel 2) = (B8 – B4) / (B8 + B4)

여기서는 Landsat 8을 사용하기 때문에 (B5 – B4) / (B5 + B4) 식을 사용한다. Landsat 8 밴드 합성 시 1번을 빼고 2, 3, 4, 5, 6, 7을 했다면 실제 적용은 (B4 – B3) / (B4 + B3)을 해야 한다.

〈밴드비율 계산 창〉

("bandset#b4" − "bandset#b3") / ("bandset#b4" + "bandset#b3")

식생지수(NDVI)는 밴드비율 계산 창에서 한다. 밴드비율 계산 창은 계산기능이 있기 때문에 여러 수식은 물론 다른 지수들을 계산할 수 있다. 식생지수는 이론적으로 −1.0~1.0의 실수를 갖는다. 음수 계열은 수분 및 물과 관련된 값이고 양수는 지상의 식생, 인공구조물을 반영하는 값이다. 식생지수는 값을 의도하는 기준에 따라 다시 분류할 수도 있고, 다른 밴드와 합성하여 정보 추출에 사용된다.

〈NDVI 결과〉

## 제12장

기계학습 영상분석

영상분석은 지표의 필요한 정보를 정확하게 추출하고 시계열적인 변화를 분석하거나 예측할 목적으로 사용된다. 앞 장에서의 방법은 영상분석에서 통계적인 방법을 정교화하면서 오랜 연구를 통해 정착한 분석방법들을 적용한 것이다. 그럼에도 여전히 완전한 정보 추출에는 보완이 필요하다. 영상확보 센서 기술(초분광, 라이다, 드론)은 빠르게 발전하고 상용화되지만 정보분석 개발과 논리의 발전은 더딘 편이다. 한 가지 고무적인 사실은 최근 10여 년 사이에 빠른 발전으로 우리 사회를 변화시키고 있는 인공지능의 발전이다. 영상분석에서도 인공지능 기계학습 적용으로 정보의 정확성이 향상되고 있다.

1. 기계학습 영상분석 플러그인 설치

QGIS에서 기계학습(machine learning)을 위한 플러그인 검색은 현재는 없다. 다만, 기계학습으로 영상을 분석하는 오픈소스로 OTB(Orfeo ToolBox)가 개발되어 배포되고 있다. OTB는 인공지능 방법만 적용할 수 있는 것이 아니라 기존의 방법과 영상의 전처리, 필터링, 초분광영상 차원 축소(dimensionality reduction) 등 다양한 기법을 개발 중에 있고 영상은 기존의 영상들 Landsat, Sentinel에서 초분광영상 처리에 이르기까지 분석이 가능하다. OTB를 QGIS에서 사용하기 위해서는 다운받아야 한다. https://www.orfeo-toolbox.org/download/에서 다운받아 설치해야 한다.

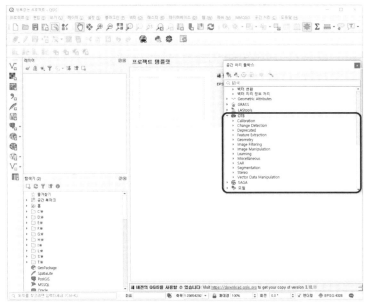

〈Orfeo ToolBox 창〉

설치 방법은 다음과 같은 절차로 진행한다.

1. soft＼폴더의

    OTB-7.2.0-Win32(32비트용)

    OTB-7.2.0-Win64(64비트용)

    qgis-plugins를 복사하여 C:＼에 붙여넣기 함

2. 제어판 → 시스템 → 고급시스템 설정 → 고급 → 환경변수 클릭하여 환경변
    수 새로 만들기 클릭 → 다음 (1) ~ (4) 환경을 설정함

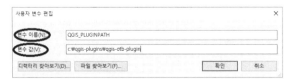

(1) QGIS_PLUGINPATH(변수 이름)

    C:\qgis-plugins\qgis-otb-plugin(변숫값)

(2) PYTHONPATH(변수 이름)

    C:\OTB-7.2.0-Win64\lib\python(변숫값)

(3) PATH(변수 이름)

    C:\OTB-7.2.0-Win64\bin(변숫값)

(4) OTB_APPLICATION_PATH(변수 이름)

    C:\OTB-7.2.0-Win64\lib\otb\applications(변숫값)

3. 공간 처리 메뉴 → 툴박스 클릭 → 아직 OTB는 보이지 않음 → 옵션 클릭 →
공간 처리 → 제공자 → OTB 실행프로그램(OTB-7.2.0-Win64) 위치 설정 →
확인

   - OTB 응용 프로그램 폴더: C:\OTB-7.2.0-Win64\lib\otb\applications

   - OTB 폴더: C:\OTB-7.2.0-Win64

   - 활성화: 체크 표시

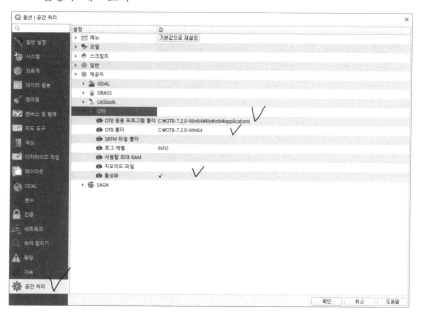

2. 영상 분류

① 훈련자료(training data) 제작

훈련자료는 기계학습이나 기존의 영상정보 추출에서 지표 정보를 분류하여 지
정하는 폴리곤형 shape를 만드는 것이다. 훈련자료는 원본 영상에서 파악되는 정
보(농경지, 거주지, 산림, 수체 등)를 폴리곤으로 만들어 정보를 추출한다.

326개의 밴드로 구성된 초분광영상 hyper를 불러오고 밴드는 Red:90, Green:250, Blue:30로 지정한다.

〈초분광영상: Red:90, Green:250, Blue:30〉

레이어 메뉴 → 레이어 생성 → 새 Shapefile 레이어 클릭하여 파일명을 입력 (train), 도형 유형(폴리곤), 좌표계 5186을 지정하고 확인을 누른다.

입력은 1. 침엽수, 2. 활엽수, 3. 조림지, 4. 거주지(건물), 5. 밭, 6. 도로, 7. 하천, 8. 논으로 id 1~8에 따라 구분될 수 있도록 입력했다.

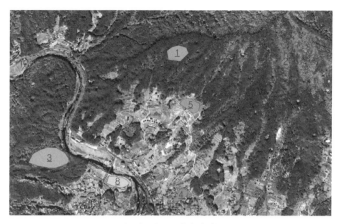

⟨train data 입력결과⟩

② 기계학습 분류

OTB는 인공지능 영상 분류 훈련자료에 대해 래스터와 벡터에 따라 적용할 수 있는 기법들을 제공하고 있다. 여기서는 래스터를 기준으로 분류하기로 한다. 자료의 형식과 학습방법에 관계없이 기계학습은 훈련과정 (1) Train ~~~ classifier, 분류과정 (2) fusion, K-means, SOM~~classification 또는 ImageClassifier로 나뉜다.

먼저 공간 처리 툴박스의 OTB → learning → TrainImagesClassifer 클릭 → 실행창에서

⟨TrainImagesClassifer 실행창 윗부분⟩

input image list는 hyper 선택, input vector data list는 train 선택, field containing the class ~~는 ID 입력(train.shp id로 구분), classifier to use for the train은 libsvm[기계학습: SVM(Support Vector Machine)임], SVM Model Type은 csvc 선택하고, output model은 csvc_model.txt 입력(ImageClassifier에서 사용될 파일), confusion matric or contingency table은 contigency.txt 입력(분리 정도 통계 저장)하고 실행한다.

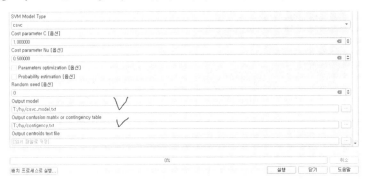

〈TrainImagesclassifer 실행창 아랫부분〉

실행 결과 기계학습 모델 csvc_model.txt 파일과 분리도 파일 contigency.txt이 생성된다. 분리도 파일의 경우 1~8번 간 행렬을 보면 크게 섞이지 않고 있음을 확인할 수 있다.

〈csvc_model 모델 파일〉

〈분리도 파일 contigency.txt〉

다음으로 OTB → learning → ImageClassifier 클릭 → 실행창에서 input image는 hyper 선택, Model file은 앞서 저장한 csvc_model.txt 선택, Number of classes in the model은 8 입력(train을 8개로 분류했기 때문), Out pixel type은 unit16(16비트 양수) 선택하고 실행한다.

〈ImageClassifier 실행창〉

〈초분광영상 분류 결과〉

분류 결과는 완전하지 못하다는 것을 알 수 있을 것이다. 인공지능 기계학습을 사용한다고 완전히 분리되는 것은 아니기 때문이다. 실제로는 지표의 대상은 train 폴리곤을 만들 때 유사한 성격을 갖기 때문에 분리가 어려울 것이라고 판단되는 대상들에 대해 같은 폴리곤 값(ID 또는 이름)이 같도록 추가로 그려야 한다. 또한 영상 밴드 주요 성분 추출(주성분 분석, unmixing) 식생지수 등을 합쳐 분리해야 한다.

현재의 자료만으로 train 폴리곤 중복을 더 만들고 나대지, 잡목지를 추가하여 10가지로 분류한 결과이다.

〈10가지로 분류한 결과〉

추가로 몇 가지 전처리 결과와 영상 외의 라이다 퓨전자료 등을 종합하여 분류하면 보다 정밀해진다. 그렇지만 최종 토지이용 분류를 할 때는 래스터 연산으로 분리도가 낮은 것은 다른 분룟값과 같게 하여 붙이기도 하고, 래스터 격자 단위로 작게 분리된 것으로 이웃한 격자에 편입해야 하는 majority filter를 적용해야 깨끗하고 단순한 토지이용도를 제작할 수 있다.

3. 영상 차원 축소

밴드가 많은 다중분광 특히 초분광영상은 밴드가 수십에서 수백 개이므로 모든 밴드를 분석에 사용하면 비효율적이기 때문에 주성분 추출로 밴드 수를 줄이고 새로운 밴드를 만들어 재합성하여 정보 추출에 사용한다.

① 주성분 분석

주성분 분석은 command창에서 실행 명령어를 입력하여 추출할 것이다. 도스창을 열어 hyper가 있는 폴더로 이동한다. 도스창에서 OTB 명령어는 이미 환경설정을 했기 때문에 실행된다.

실행명령은 다음과 같은 옵션으로 수행한다.

otbcli_DimensionalityReduction -in hyper.tif -out pca.tif -method pca -nbcomp 6

otbcli_DimensionalityReduction -in hyper.tif -out napca.tif -method napca -nbcomp 6

otbcli_DimensionalityReduction -in hyper.tif -out maf.tif -method maf -nbcomp 6

otbcli_DimensionalityReduction -in hyper.tif -out ica..tif -method ica -nbcomp 6

otbcli_DimensionalityReduction -in hyper.tif -out napca.tif -method napca -nbcomp 6

여기서 사용되는 영상축소 옵션은 다음과 같다.

PCA (pca): Principal Component Analysis,

NA-PCA (napca): Noise Adjusted Principal Component Analysis,

MAF (maf): Maximum Autocorrelation Factor,

ICA (ica): Independent Component Analysis,

예를 들어 hyper.tif: 분석대상 초분광, napca.tif: 주성분 추출밴드 결과 저장, napca는 Noise Adjusted Principal Component Analysis 분석, -nbcomp는 추출 주성분 밴드 6개를 갖는 napca.tif이 만들어진다(도스창 실행명령은 "otb 도스창 실행명령.txt"으로 제공하기 때문에 복사하여 붙여넣기 하여 실행).

생성된 밴드 6개는 모두 정보량이 같은 것이 아니고 1번이 가장 많고 6번이 가장 적은 정보를 갖게 된다.

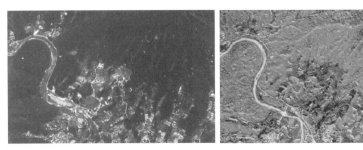

〈6개의 PCA.tif〉   〈6개의 NAPCA.tif〉

〈6개의 MAF.tif〉   〈6개의 ICA.tif〉

MAF.tif은 hyper.tif 초분광의 전처리에 문제가 있다는 것을 알 수 있어, 이후에 차원 축소 영상에서 1번 밴드를 추출하여 재합성할 때는 적용하지 않는다.

② Hyperspectral Unmixing

Hyperspectral Unmixing도 초분광의 밴드의 노이즈를 제거하고 축소하는 방법 중에 하나이다. 이 방법은 endmembers의 생성이 중요한 역할을 한다. Hyperspectral Unmixing 절차는

(1) otbcli_EndmemberNumberEstimation, (2) otbcli_VertexComponentAnalysis, (3) otbcli_HyperspectralUnmixing 으로 밴드 축소를 실행한다.

otbcli_EndmemberNumberEstimation -in hyper.tif -algo vd -algo.vd.far 1e-5
otbcli_VertexComponentAnalysis -in hyper.tif -ne 6 -outendm endmembers.tif
otbcli_HyperspectralUnmixing -in hyper.tif -ie endmembers.tif -out hyperunmixing.tif -ua ucls

와 같이 실행하여 6개 밴드를 갖는 hyperunmixing.tif 축소 영상이 만들어진다.

〈6개의 밴드 성분 추출 결과: hyperunmixing.tif〉

4. 밴드 추출, 재합성 영상 분류

초분광이나 다중분광 이미지는 밴드로 구성되어 있기 때문에 밴드를 추출하여 필요하고 재합성하여 재분석을 할 수 있다.

① 영상밴드 추출

밴드 추출은 래스터 계산기를 이용하여 1개의 밴드를 지정하고 저장하면 된다. hyper.tif 영상의 146번 밴드를 추출한다고 하면 "hyper@146"를 클릭하고 파일명을 지정하면 된다. "hyper@146"은 800파장대의 적외선 밴드대역에 해당된다. 다음으로 "hyper@90"은 670파장대의 가시광선 red 영역이다. 두 밴드는 식생지수 계산 (Nir − red) / (Nir + red)을 위해 추출한 것이다.

〈래스터 계산기를 이용한 밴드 추출〉

앞서 영상 차원 축소로 만든 이미지들에 대해서 모두 1번 밴드만 추출하자. 해당 이미지들은 주성분을 분석하여 추출한 것으로 1성분인 1번 밴드가 정보량이 가장 많기 때문이다.

〈PCA에서 1번 밴드 추출 결과〉

〈초분광 식생지수 계산〉

앞서 추출한 밴드 146번과 90번 밴드를 이용하여 계산하면 된다. 계산은 래스터
계산기로 다음 식 ("h146@1" - "h90@1") / ("h146@1" + "h90@1")을 적용하여
계산한다.

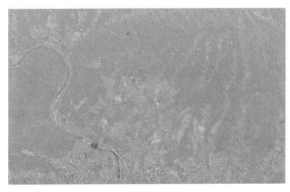
〈초분광 식생지수〉

② 영상 합성

영상 합성은 래스터 메뉴 → 기타 사항 → 가상래스터 생성으로 시행한다. 합성
할 개별 밴드는 pca_b1, napca_b1, ica_b1, hyperunmixing_b1, ndvi 5개 밴드를 하
나로 만드는 작업이다.

③ 영상 분류

영상 분류는 앞서 제작한 train.shp를 불러와 TrainImagesclassifier → 모델 생성
과 분리도 검사 → Imageclassifier로 분류한다.

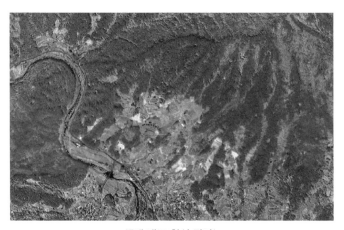

〈5개 밴드 합성 결과〉

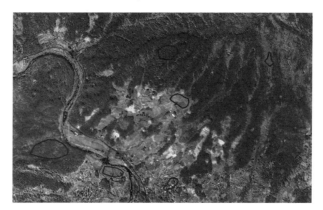

〈합성영상 + train.shp〉

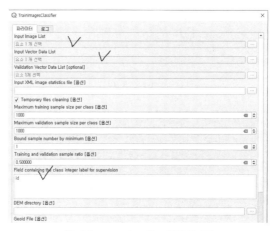

〈TrainImagesclassifier 실행창 상〉

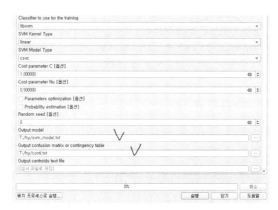

〈TrainImagesclassifier 실행창 하〉

〈Imageclassifier 실행창〉

〈영상 분류 결과〉

　여기서 모든 것을 다 다룰 수 없지만 이 외에도 저해상도 영상을 고해상도 영상
과 결합하여 다중의 고해상도를 만드는 방법, 라이다 임관수고모델과 초분광을 결
합하여 수목개체 종을 추출하는 방법 등 많다. 독자들은 지금까지의 방법을 기본
으로 하여 자료를 찾아 보다 많은 방법을 연습하기를 바란다.

공간질의, 연산자 사용 및 중복 포인트 삭제

1. 벡터 검색 방법

   ① 질의 수식

      문자: "필드명" = '필드 이름'

      숫자: "필드명" = 값

   ② 벡터 검색(공통값 갖는 대상 검색)

   공통값 선택: "필드명" LIKE '%문자%', '%문자', '문자%'

   <예> 가운데 공통 문자 "Myeon" LIKE '%정%', 뒤 공통문자 Lee "LIKE' %원리', 앞 공통문자 "Lee" LIKE '대%'

   ③ 벡터 검색(필드 값 재계산)

   단위환산 및 수학함수(Log, Ln, Sqrt, ABS, sin, cos, tan)

      공식 $Y = 5.3 \times$ "필드1" $+ LN \times$ "필드2" $+ 3.0$

2. X,Y 좌표 만들기

   ① X 필드 만들고, 지오메트리 $X 클릭

   ② Y 필드 만들고, 지오메트리 $Y 클릭

3. 래스터 검색 및 연산

① 래스터는 벡터와 달리 래스터 계산기를 이용하여 검색과 계산을 함

래스터 계산기로 연산자(<, >, >=, and, or) 등의 결과는 선택지역은 1, 아닌 지역은 0이 됨. 선택된 지역의 값을 보고자 할 때는

(질의 식) × 레이어명 해야 됨. 즉, "dem@1" >= 600은 600m 이상은 1, 아닌 경우는 0. 따라서 600 이상 지역의 값을 알고 싶으면 ("dem@1" >= 600) × "dem@1"

② 래스터는 벡터(테이블 단위로 검색 및 계산하기 때문)와 달리 여러 레이어를 검색 및 계산할 수 있음

고도 500m 이상, 경사도 10도 이하 지역을 래스터 계산기로 계산

계산식: ("dem@1" >= 500) AND ("slope@1" <= 10)

수식(y=ax + b), 수학함수(log, sqrt, ln 등), 모델, 시뮬레이션 등 계산할 수 있음

③ Nodata 지정: Raster calculator 계산식 (("x">0)*"x") / (("x">0)*1 + (("x"<=0)*0)

예) (("dem@1" >= 500) * "dem@1") / (("dem@1" >= 500) * 1 + (("dem@1" < 500) * 0))

④ Nodata 값 지역은 계산이 안 됨. 따라서 0 or 1을 지정하여 연산할 때, fill로 처리하고 merge하여 분석함

4. 공개자료 다운로드 사이트

① 국내자료: 공공데이터 포털 https://www.data.go.kr/

② 국내기상자료개방포털: https://data.kma.go.kr/cmmn/main.do

③ 생태기후자료(bioclim and scenario) 자료: https://www.worldclim.org/data/index.html

④ 세계생물다양성정보기구(GBIF): https://www.gbif.org/

⑤ 미지질조사국 나사정보센터(USGS NASA) 영상자료: https://earthexplorer.usgs.gov/

⑥ 세계 고도자료(STRM, AsterGdem, NASADEM): http://srtm.csi.cgiar.org/srtmdata/
또는 https://earthexplorer.usgs.gov/

⑦ 전 세계 동물 이동 추적자료: https://www.datarepository.movebank.org/

5. Multipoint 및 동일 위치 자료 처리 방법

점자료 중에는 Multipoint이면서 동일 위치에 한 개의 종명에 여러 포인트가 저장된 자료가 있다. 이런 자료는 종 개체 개수 계산에 문제가 없지만, 종 단위 분석이 필요한 경우 SDM이나 바이옴 분석 같은 경우에 에러나 문제가 발생한다.

〈동일 위치에서 한 개의 종명에 여러 포인트:
flora.shp〉

〈속성 정보에 long, lat 필드 만들어 입력〉

해결 방법은 속성을 열어 ① 경위도 필드를 만들고 좌푯값을 입력 → ② 레이어 클릭 내보내기 → ③ 벡터 레이어를 다른 이름으로 저장하기 → ④ CSV로 저장 → ⑤ CSV 불러오기로 레이어 저장 → ⑥ 구분자로 분리된 텍스트 레이어 추가하여 레이어를 만들고 Shapefile 저장 → ⑦ 공가처리 툴박스 '중복도형 삭제' 검색하여 실행하면 됨.

원본의 80,317개에서 2,338개로 줄어들게 된다.

〈경위도 입력 결과〉

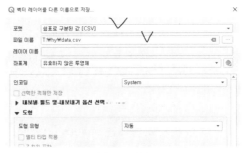

〈CSV로 저장〉

〈구분자로 분리된 텍스트 레이어 추가〉

〈중복도형 삭제〉

CD 환경 설정

I. 프로그램 인스톨 및 환경 설정

1. QGIS_3.10 폴더: QGIS 인스톨 파일(32비트용, 64비트용)은 안정 버전
   QGIS는 계속 개발 중으로 최신 버전보다는 안정 버전 QGIS_3.1*.*[Long term
   release repository(most stable)]을 다운(https://qgis.org/ko/site/forusers/download.html)받
   아 사용할 것을 추천한다.

2. 통계분석은 R을 이용하여 분석하며 다운(https://cran.r-project.org/bin/windows/
   base/)받아 사용하면 된다. 분석 시 필요한 라이브러리는 install.packages로 인
   스톨하여 분석해야 된다.

3. QGIS 분석에 필요한 플러그인 SCP(Semi-Automatic Classification Plugin), OTB
   (Orfeo ToolBox) 등은 해당 장에 프로그램과 인스톨 방법이 설명되어 있다.

4. 구글_등_qgis_연결_xyz_tile 폴더의 connect.xml 파일은 구글, 네이버, 브이월
   드 등 다양한 위성영상과 지도를 QGIS에 불러올 수 있도록 준비한 웹주소 링
   크 파일이다(사용법: XYZ Tiles → 오른쪽 마우스 → 연결 불러오기 → connect.xml
   선택하면 된다).

II. 프로그램 실행 및 자료 설명

1. QGIS 실행은 시작메뉴의 QGIS에서 QGIS 아이콘 클릭으로 실행하기보다는
   QGIS Desktop 3.*.* with Grass 7.*.* 클릭을 권장한다(분석 수행 시 grass 전문
   기능을 사용할 때 에러가 발생할 수 있다).

2. 연습파일
   Data 폴더 하부에 1~12장까지 포함한다.
   장별 하위 엑셀_txt 폴더에는 R 스크립트, 통계자료 등이 들어 있다.

3. QGIS 한글 및 띄어쓰기 주의 사항
   ① 한글 폴더명, 파일명에서 띄어쓰기를 하거나 특수문자를 사용하면 실행 시
      에러가 발생할 수 있다.
      예) C:\연습자료, C:\연습자료\동·식물상,   C:\연습자료\한국 식물
   ② QGIS는 인터넷 연결이 가능한 환경에서 실행할 것을 권장한다.

지은이

김남신

소속: 국립생태원 책임연구원
관심 및 연구 분야: 기후변화, 북한의 생태와 환경, 알고리즘, 예측모델링, 초분광영상, 라이다 분석 등
저서: 『GIS 실습(개정판)』(2005), 『지리정보활용』(2010), 『북한의 환경변화와 자연재해』(공저, 2006),
　　　『오픈소스 QGIS 활용 가이드북』(공저, 2018)

한울아카데미 2301

오픈소스 활용
QGIS
자연과학 데이터 분석

ⓒ 김남신, 2021

지은이 김남신
펴낸이 김종수
펴낸곳 한울엠플러스(주)
편집책임 최진희

초판 1쇄 인쇄 2021년 5월 10일
초판 1쇄 발행 2021년 5월 20일

주소 10881 경기도 파주시 광인사길 153 한울시소빌딩 3층
전화 031-955-0655
팩스 031-955-0656
홈페이지 www.hanulmplus.kr
등록번호 제406-2015-000143호

Printed in Korea
ISBN 978-89-460-7301-2 98980(양장)
　　　 978-89-460-8070-6 98980(무선)

※ 책값은 겉표지에 표시되어 있습니다.
※ 이 책은 강의를 위한 학생용 교재를 따로 준비했습니다.
　 강의 교재로 사용하실 때는 본사로 연락해 주시기 바랍니다.